蒙特梭利專家親授！教孩子學規矩一點也不難

淡定面對0～6歲孩子的情緒勒索，
不用對立也能教出
自律又快樂的孩子

20年幼教經驗
Henry羅寶鴻老師——著

野人

野人家167

蒙特梭利專家親授！教孩子學規矩一點也不難

作　　者　羅寶鴻

野人文化股份有限公司
社　　長　張瑩瑩
總 編 輯　蔡麗真
責任編輯　鄭淑慧
專業校對　魏秋綢
行銷企劃　林麗紅
封面設計　周家瑤
美術設計　洪素貞

出　　版　野人文化股份有限公司
發　　行　遠足文化事業股份有限公司（讀書共和國出版集團）
地址：231新北市新店區民權路108-2號9樓
電話：（02）2218-1417　傳真：（02）8667-1065
電子信箱：service@bookrep.com.tw
網址：www.bookrep.com.tw
郵撥帳號：19504465遠足文化事業股份有限公司
客服專線：0800-221-029
法律顧問　華洋法律事務所　蘇文生律師
印　　製　呈靖彩藝有限公司
初版首刷　2017年6月
初版29刷　2023年8月

歡迎團體訂購，另有優惠，請洽業務部（02）22181417分機1124

國家圖書館出版品預行編目資料

蒙特梭利專家親授！教孩子學規矩一點也不難：淡定面對0～6歲孩子的情緒勒索，不用對立也能教出自律又快樂的孩子 / 羅寶鴻著--初版--新北市：野人文化出版：遠足文化發行，2017.07
面；　公分--（野人家；167）
ISBN 978-986-384-211-8（平裝）

1.育兒 2.親職教育 3.蒙特梭利教學法

428.8　　106010286

野人文化官方網頁　野人文化讀者回函

蒙特梭利專家親授！
教孩子學規矩一點也不難

線上讀者回函專用 QR CODE，你的寶貴意見，將是我們進步的最大動力。

【推薦序】

蒙特梭利教育的家庭延伸版

中華民國蒙特梭利教師協會監事　李裕光

無論在台灣或是大陸，有很多家長對孩子在蒙特梭利教室裡的表現都十分滿意，看到孩子越來越自信，日復一日更獨立，學習專注度不斷延長，禮貌也不錯；但對孩子回到家中的表現卻無法苟同，似乎是判若兩人，秩序感沒了，東西亂放，玩具也不願收，吃飯要人餵，耍賴、頂撞父母，家長也不知所措，只好用傳統方式對待，恐嚇、威脅、打罵，蒙式教室的學習成果似乎抵消殆盡。學校老師似乎也愛莫能助，因為無法代替家長去家中施教。因此，**如何將蒙式教育成果延伸至家中，如何讓父母把握以蒙式教育的原則進行管教，是許多家長迫切的需要。**

筆者這幾年遊走海峽兩岸各大城市，欣見蒙式幼兒園遍地開花，亟欲提升教育品質，與世界先進國家教育接軌，除了培訓幼兒園師資外，也常舉辦家長座談會，宣導蒙式教育理念。對於如何延伸在家中的教育影響，是最為普遍的問題與困擾。但因時間的限制，無法應付家長多如牛毛的問題，短暫的解答也無法真正改變家長的觀念與態度，回去後可能依然故我。有不少孩子因與爺爺奶奶同住，或長輩教育態度不一致、不正確，混亂又矛盾的教育方式，孩子也無所適從，或學習鑽漏洞，形成兩面人格行為模式。

當看到羅老師這本書的手稿時，我真是愛不釋手，因為他已將蒙式教育的教育理念與原則充分吸收消化，透過多年來的理論學習與實際親身教養經驗，提出清晰扼要的教養原則，步驟明確，家長方便遵循實施，比在家長會中聽演講更實惠，因為聽了就忘了，或者當下未必已聽懂，但有本書在身邊可隨時翻閱，反覆思量，審查反省自己的教養態度與問題，不斷揣摩必能改善教養方式，與學校教育方式接軌，走向更健康的教育成就。我相信家長會迫不及待地想要擁有此書。

羅老師曾多次帶台灣老師到美國接受蒙特梭利師資培訓，並親自擔任翻譯，從不同培訓師接受第一手信息，比非母語的學員瞭解更深入。我最欣賞羅老師扼要摘出蒙式教育最精華的理念，如「自由與尊重」；愛中接納孩子的無知與錯誤等；還有簡易可實行的管教步驟：❶事先約定或告知行為準則❷給予兩個選擇❸要孩子承擔選擇的行為後果❹同理但不處理（溫柔堅定的執行，保持高度情商EQ）❺事後安撫並示以正確行為模式（秋後算帳）。這些原則貫穿整本書，也就是皆可實行在0～12歲孩子的教育上。因為談論太多蒙氏吸收性心智或敏感期等理論，家長恐無暇品味吸收，緩不濟急，這些具體可行的步驟較易把握。

加上書中以分年齡階段來討論教養方式與重點，家長更容易找到方向，更可貴的是羅老師蒐集了許多案例與家長問題，這些應該都是家長經常感到困擾的問題，容易引起家長共鳴，作者自身教養孩子的經驗也十分有趣，應該也會成為家長教養的智慧。其實這些步驟雖明確，案例雖有趣，輪到家長自身面臨實際現場情況時，難免心軟，或者無法抑制暴怒的情緒而破功，要真正溫柔而堅定地執行原則難免失守，可能要一次又一次地吸取經驗，反省檢討，才真正熟練上手。有書在手，可反覆翻閱。

其實，不僅是家長，許多新手上任的蒙式老師也不熟稔管教原則，教室常規亂糟糟，手忙腳亂，在教具使用的專業上雖上過課，但實際的教室管理，如何規範孩子的行為準則，處理孩子的紛爭等問題都覺茫然，理論知識尚未融會貫通，若無資深老師協助，勢必陷入暗中摸索的泥沼。**這本書對於新手老師無疑是黑暗中的燈塔，可幫助他們快速掌握蒙式教育的精神與原則，是一大福音。更能透過他們為家長提供適當的管教諮詢，解決家長的困難。**

很期待這本書的出版，**相信不只適合蒙式學校的家長，非蒙式學校的家長也很需要這本書**，在充斥坊間的親子教養書籍中，有不少似是而非的觀念與方法，常常誤導家長，讓家長無所適從。但羅老師經多年融會貫通蒙式的教育理論，並結合本身在家庭為人父與教室中為人師的第一線經驗，應更具權威性與說服力。我相信對從事第一線0～12歲教育工作的老師們，無論是蒙式老師或非蒙式老師都有助益，更能幫助老師們建立專業權威，縮短摸索的時間，快速進入狀況，與家長們同步合作，把孩子帶進正常化，使孩子健康地成長，快樂地學習。

【推薦序】

深深的同理，淡淡的處理，做父母再不是件苦差事！

台北蒙特梭利幼兒園創辦人、長華國際蒙特梭利實驗教育機構創辦人　Ms. Lam 胡蘭校長

Henry 出書了！十幾年沒見到他，只記得他是位年輕有為的帥小子，更是位傑出的翻譯人員。當時看到蒙特梭利領域裡添了一位充滿著熱情的新血，我是非常安慰和興奮的。雖然那時Henry 還沒正式受過蒙特梭利的訓練，可是他已是我聽過最好的翻譯員，翻譯一次到位，絕沒結巴或口譯交代不清楚。

本想在這六天時間要看稿，再寫序，時間真不夠「自己又忙」。讀了三分之一的書稿就興奮地想，靠這本書我以後的日子可輕鬆了。三十年不厭其煩地做親子教養的工作已有點力不從心。這本書不就是我天天在講的嗎？新世代的媽媽，把教養孩子作為唯一的使命、終身事業在經營，所以壓力特大而過猶不及。其實輕輕鬆鬆地做媽媽，教養孩子是件愉悅幸福的事，不是嗎？你想知道事半功倍的方式嗎？

我要大力地推薦這本書。**真的，「教孩子學規矩一點也不難」！難的是改變父母的觀念，放下身段，不受孩子哭鬧、無理取鬧影響，深深的同理，淡淡的處理。做父母再不是件苦差事，而是盡情享受親子生活的態度。**

【推薦序】

把握大腦發展原則，瞭解孩子個性，沒有教不會的孩子

國立中央大學認知神經科學研究所教授　洪蘭

從過去的經驗中得之，教育要成功是先教大人，再教孩子，因為大人觀念不正確，會徒勞無功。大人教的越徹底，老師改的越辛苦。家庭和學校的確像作者說的，是孩子的兩個翅膀，翅膀健全才會飛得高、飛得遠。

但是要教育父母並沒有這麼容易，人長大了，可塑性就變小了，很多父母會說「我父母那輩也沒有看什麼育兒書、上什麼教養課，還不是把我們都養大了？」話是沒錯，但是在那個時候社會環境相對單純，民風純樸。家家戶戶孩子生的也多，我們有很多的玩伴可以相互模仿學習。人的社會化是跟同儕完成的，不是跟父母完成的，所以只要村裡、街坊中有年齡較大，已在學校念書的孩子，他們就是小一點孩子的榜樣，大家會模仿他們。神經學家在大腦中找到了鏡像神經元，發現原來模仿是學習的機制，這些大孩子在學校所習得讀書的風氣、他們老師的生活教誨，就替代了那些忙著顧衣食，無暇顧子女的父母來教養孩子。

我們看到五〇、六〇年代成長的孩子都勤儉惜物、吃苦耐勞，因為那是當時的社會風氣使然。但是現在不一樣了，社會資源豐富了，生活奢華了，要成功地教養孩子不受紙醉金迷社會的誘惑，堅持做人的品德必須在他們童年時打好品德的根基。這時父母必須親自跳下來教了，因為街坊被高

樓大廈取代了，已經不見了，兄姐們也在補習班中拚升學，從遊戲中消失了，加上科技進步太快，父母不跟著進修，會被孩子看不起（媽，你別管，你什麼都不懂）。因為人只會聽他尊敬人的話，所以父母跟孩子同步成長比以前更重要。父母也必須瞭解大腦的發育過程，要把握孩子0～6歲的教養黃金期，教好他的品德，因為品德是個內隱的學習，它不需大人教，只要眼睛看到了，便會模仿，它儲存在神經連接的突觸上，就算以後得了失憶症，早期習得的習慣仍然存在沒有忘。

6～12歲是好習慣養成的黃金期，因為人的大腦只有3磅，佔體重的2%，卻用到我們身體20%的能源，在這麼大的能量需求下，大腦必須把大部分的行為變成習慣化以節省能源，所以我們日常生活的行為中60%是個習慣化的行為，如走路、吃飯、遇障礙閃過去、過馬路看兩邊……它不需要動用到大腦資源，行為便可出現。大腦須把寶貴的資源留下來處理會傷害到我們生命的外界刺激。演化學家發現大腦最大的功能不是學習，而是使生命延續下去。因此在孩子小時候養成好習慣就變成現在教育最重要的目標。

尤其現在科技發展的很快，孩子離開學校進入社會所要用到的知識還沒有發明，學校學習的其實只是基礎，也就是蓋房子時的鷹架，它讓孩子將來有所依，能爬上去學習新的知識而已。

也因此，現在學校品德的教育遠重於知識的傳授，知識不斷地在改變（冥王星以前是九大行星，現在不是了），但是只要是人的社會，忠誠、正直、公平、正義這四個基本的核心價值觀是不會變的。人生的路很長，在這旅程中，一定要有朋友相伴、貴人提拔，才能順利走到終點，而且走得愉快。人品若不好，這兩者自然從缺，孩子人生的發展也就有限了。瞭解到這一點後，父母教養的重心立刻會不一樣。

過去因為不瞭解大腦的發育過程，不知道控制行為很重要的前腦皮質（prefrontal cortex）是整個大腦最晚成熟的一塊。孩子常常會明知故犯。心中雖然知道不可以打人，但是對剛剛害我摔跤或偷吃我糖的人，在打他的意念出來後，因為抑制的功能還未成熟，這手是放不下來的，因此在幼兒園中，就常看到孩子一邊打人一邊說對不起了。**瞭解大腦的發育需循序而進，在瞭解神經的密度決定了孩子學習的快慢和創造能力的強弱後，父母便知道，要讓孩子盡情地去探索，因為經驗促使神經連接，經驗越多，神經連接越密，學習越快，也越能觸類旁通，舉一反三。**

當孩子會爬以後，他有機動能力了，他的天地從搖籃上面的天花板一下子大了很多，這時他的好奇心會驅使他努力地去探索，會把地上的東西撿起來放進嘴裡，靠他大腦中最早包完髓鞘的運動皮質區（motor cortex）和身體感覺皮質區（somatosensory cortex）來告訴他這個東西是硬的、軟的、方的、圓的……父母不必擔心孩子撿地上東西放在嘴裡會瀉肚子生病，大自然的設計是非常美妙的，當孩子會爬時，他正好長第一顆牙，他會流口水，這口水就把髒東西流出去了，細菌沒有吞下去自然不會生病。

所以教養孩子第一重要的就是一切順其自然，不可揠苗助長，大自然自有安排。我們常看到父母把孩子從胳肢窩處撐起來要他練習走，但是在膝蓋軟骨未發育好之前不要強迫他走路，膝蓋軟骨會受傷，因為還支撐不住體重的負擔。其實早早會走沒有什麼好，只是滿足父母的虛榮心和面子而已。他人生有很長的路每天要走，又何必在乎小時候的一時一刻？

柳宗元的《種樹郭橐駝傳》說「凡植木之性，其本欲舒，其培欲平，其土欲故，其築欲密」，順其天性適性發展是最好的方法，書中所教父母的一些法則很實用，父母不妨一試，只是管教孩子必須全家人的原則都一致，不可破例，更不可在孩子面前替他講情討饒，**只要把握孩子大腦發展原則，瞭解孩子個性，因材施教，沒有教不會的孩子**，父母怎麼知道教養的方法對不對？只要看到孩子每天迫不及待要睜開眼睛去開始新的一天，你就知道你做對了。

【推薦序】
原來孩子犯錯是件美好的事！

mon chouchou嬰幼兒生活顧問 Yolanda

文字，具有特殊的力量與影響力，我一直深信不疑。這本《蒙特梭利專家親授！教孩子學規矩一點也不難》是由蒙特梭利教育專家羅寶鴻老師一筆一劃書寫他生活中真實的教養小故事，和教養小祕訣。

書中許多育兒世界的小故事，發生在每天你我的平淡生活之中，既真實又熟悉。在平面滑細的紙頁上，觸摸這令人感同身受的小文字。

書中不斷提到「允許孩子失敗、允許孩子從挫折中學習」、「孩子必須透過犯錯才能逐漸修正自己，瞭解什麼是正確的選擇」、「以錯誤為友」，孩子將會學到「自省」；「以錯誤為恥」，孩子只會感到「自卑」。

多麼沉穩有力量的文字，原來孩子犯錯是件美好的事！充滿自信跳脫傳統教養框架的這幾句話，完全點醒不習慣孩子犯錯的成人們。您們，請不要害怕孩子犯錯喔！**從錯誤中學習是成人不能給予孩子的難能可貴的成長經驗。**

在教育現場上，我們看見許多家長，站在他們身邊感覺他們的緊張、擔憂與不安。孩子未如父母預期而做了錯誤的選擇，這種種的一切，好像代表的是父母的無能、惆悵和失職。

父母保護孩子的天性，對孩子的愛，常使他們失去判斷力。更不捨孩子遇到挫折時，失落傷心落寞的神情。

同樣身為老師，有時我們也會擔心教室裡孩子犯錯的量會引起教室外校方與家長的關注和質疑，而選擇直接告訴孩子正確的答案，不給孩子選擇犯錯的機會。

師長與家長希望孩子永遠做對的選擇這種心情都一樣，大家都被無形的價值觀所制約，將孩子的成功失敗與自己的生涯榮辱綁在一起。

在蒙特梭利親子共學團體中，我們不斷地告訴陪同的媽媽，孩子手拿水壺完美地將水倒入杯子前，都會經歷將水灑在桌上這個不完美過程。

但是，身為家長，對孩子將水灑在杯子外造成桌面濕濕的、地板濕濕的結果，都感到小小的焦慮與不安。所以，常常不自主握著孩子的手幫忙孩子將水穩穩地倒入杯子裡。

為什麼在陪伴孩子成長的這條路上，大家對孩子應該可能會犯的錯誤，不由自覺地排斥或跳過？親子間、師長間為什麼各自背負著深深的矛盾、衝突與無奈？

在我們熟悉且熱愛的台灣這塊土地上，社會、文化與傳統對所謂表象的完美父母期待很大，父母也在意社會大眾的觀感與想像。所以當孩子做了一個錯誤的選擇時，陪伴在側的成人常會立即出手解救孩子，以避免孩子白走冤枉路，浪費珍貴的學習時間。

還好，終於有位瞭解孩子與孩子工作多年的教育專家羅寶鴻老師，在他的這本著作中將正確的教養方式以一種不變的文字，成為另一種安定沉穩的力量去消滅父母與師長矛盾與不安的心情。

讀著這些細膩的文字，我們會慢慢瞭解放手沒有什麼不好，也好像不再害怕孩子犯錯，不急迫地在孩子做選擇前去介入孩子思考判斷的過程。

書中羅寶鴻老師不斷解釋何謂自由？何謂紀律？為什麼給予孩子兩個選擇？為什麼給予孩子的選擇要很小心？

瞭解蒙特梭利教育的成人都知道正處於自我意識時期的孩子們，在自我肯定心智建構的過程中，會用自己的語言來表達，他們用語言選擇，並經歷選擇後的結果。

要注意的是，有時孩子說：「不要！」並不是他真正的選擇，孩子想瞭解的是自己有沒有被環境、被成人全然地接受。

這時期的孩子做的選擇只是表達自我，成人要做的則是給予孩子有限制的選擇。

孩子在摸索選擇與結果的關係時，他們需要一些時間去思考、他們可能犯錯、會經歷理解、然後記憶這個結果。

當孩子做了有設限的選擇之後，所產生的錯誤結果，會幫助孩子修正自己，這在孩子如何成為社會人的過程中，是一個不差的選項。

德國哲學家弗里德里希．威廉．尼采曾說：「一棵樹要長得更高，接受更多的光明，那麼它的根就必須更深入黑暗。」

根，經驗越多錯誤的決定，面臨昏暗的時刻越多，心會跟著越明亮。辨別的能力將會大大地提升。

辨別的能力具備後，認知能力會協助孩子控制自己的內在衝動，進而達到「避難」的層級，遇到危險和災難時能自動避開。「失敗為成功之母」也正是這個道理。

成人過多的關心提醒，反而會成為孩子發展獨立的阻礙。所以為了不讓孩子沒有辨別能力，成人應該要練習忍住想不斷說話提醒的急切心情，練習不怕孩子做錯的從容氣度。願意退在一旁允許孩子做選擇，不再對孩子錯誤的選擇感到無奈與不安。

很榮幸能先睹為快，細細閱讀羅老師這本《蒙特梭利專家親授！教孩子學規矩一點也不難》的原稿。

羅寶鴻老師思慮清晰能文善武，他將義大利教育家瑪麗亞・蒙特梭利博士的教育核心思想與實踐方式，串連成許多真實教養的小故事。豐富的教學經驗與生動易懂的文章，成就了這本實用又具教育意義的教養書。

【推薦序】

一則則陪伴孩子、家長面對生命的動人故事

《育兒顧問到你家》作者。擁有蒙特梭利0～3歲指導員證照
曾在幼兒園工作七年，現職為大樹親子團帶領人、到府育兒顧問

大樹老師

為人父母是一種專業，你需要「理性」的權威。

你是否遇過這樣的狀況？

尊重孩子，孩子卻不當一回事，好好地跟孩子說，但是孩子就是講不聽……

怎樣可以尊重孩子，又可以讓孩子學到規矩呢？

答案就在羅寶鴻老師寫的這本書裡。

父母有責任照顧孩子，當然也有權利為孩子做一些決定，但是尊重並不是放縱，這就是為人父母的「權威」。一樣是權威，為什麼又有「理性」權威、「非理性」權威呢？請買回去慢慢看。

除了基本的心法：「愛與尊重」、「自由與紀律」，羅老師也分享了一些簡單實用的招數：「提醒四步驟＋兩個選擇」，以及如何面對孩子講不聽的情緒。

書中也分齡介紹了0～3歲、3～6歲、6～12歲各階段孩子的發展，幫助讀者瞭解孩子的需求，並且以實際的案例，討論如何應用與實踐前面提到的理論與步驟。接著帶領讀者反省自己的教養態度，我們是支持陪伴孩子，在錯誤中學習？還是只看到孩子的不足，放大並且一味地指責呢？

最後，羅老師和讀者分享，「教兒教女，先教自己」、「我們沒有辦法給孩子我們沒有的」……這些概念。引導讀者去看看自己在原生家庭裡的匱乏，練習去面對它，讓我們更有力量去陪伴孩子長大。

這本書，有很多陪孩子、家長面對生命的故事，希望讀者不只是看，而是買回家多看幾次，並且親自實踐它，用了才是你的方法。

下面的文字，讓大樹來分享，我所認識的羅老師。除了他所受的專業訓練之外，為何他可以寫出這樣一本，充滿理性權威和父性力量的書。

帥得很療癒的羅寶鴻老師

第一次見到羅老師，是在蒙特梭利的進修講座，他受邀擔任口譯，男老師原本就珍貴稀有，加上他說唱俱佳，國粵台英四聲道，令人印象深刻。後來常在網路看到他活躍的訊息：多次擔任蒙特梭利培訓課程的翻譯，有了0～3歲的蒙特梭利證照，又拿到了3～6歲的證照，也常聽到家長提起他。

之後大樹突發奇想，發起「蒙特梭利爸爸學」講座，為了吸引更多的爸爸參加，需要男老師壯大聲勢，羅老師義不容辭地參與，目前總共辦了三場，場場爆滿，平常難得在講座出現的爸爸們，出席人數遠超過媽媽們，讓我們熱血不已。講座中多次聽到，羅老師分享他和父親（以下稱羅爸）之間的故事，大樹每每溼了眼眶，在此分享三個，讓讀者可以更瞭解羅老師為何帥得那麼療癒，充滿父性能量，理性與感性兼具。（請備好面紙）

故事之一：父親認同的路

羅爸退休後與羅老師同住，羅老師早晚都會跟羅爸寒暄請安，閒聊工作上與親子之間的互動。羅爸有次告訴羅老師，覺得他的工作非常有意義。羅老師只想到羅爸當年辛苦賺了很多錢，自己遠不如羅爸的百分之一。羅老師當時還沒有體會到羅爸的喜悅，以及父母渴望孩子青出於藍的心意。

第二天，羅爸非常慎重地跟羅老師說：「爸爸以前是滿身銅臭味的生意人，你從事的是教育工作，你的志向比我高貴許多，你是為了幫助孩子。或許你現在賺的錢沒有我多，但是你賺到的福報，爸爸一輩子都做不到！不要妄自菲薄，爸爸以你為榮啊！」

過去羅爸經常擔憂兒子學歷那麼高，怎麼會去當一個小小的幼兒園老師？

在一次次的閒聊中，羅爸慢慢地從擔心轉變為肯定羅老師，並且感到欣慰。羅老師很感謝老天爺的帶領，這是一條他自己很喜歡的路，也是羅爸認同的路，希望自己可以一輩子好好地走在這條路上。

故事之二：父親用生命的支持

羅爸往生前半年，行動不便，大部分時間只能待在床上。有天晚上，羅老師談到明天又有一整天的研習講座，羅爸用很洪亮的聲音說：「我最喜歡的就是你做這些有意義的工作，越忙越好！幫助更多的人……」羅老師當時並沒有感受到羅爸的喜悅，還說自己比較想在家陪伴父親，一點都不想去。羅爸說自己沒事，請羅老師不要這樣想。

第二天早上六點多，羅老師出門前，看到餐廳的燈竟然是亮的，平常沒那麼早起的羅爸，已經坐在餐廳座位上，吃著自己做的早餐，看到羅老師，還用中氣十足的聲音說：「你看，我什麼事都沒有，不用擔心，去工作吧！」

在開車出門的路上，止不住的淚水，羅爸賣命演出的這齣戲，讓羅老師覺得自己無法回報父親的恩德，只能把自己的工作做好。

現在，羅老師每天都會看著一張羅爸抱著剛出生羅老師的照片，提醒自己：「父親是這麼地愛我，我應該如何幫助父母，可以把這一份愛，完整地傳承給他們的下一代！」

故事之三：爸爸我愛你

羅爸曾經一度病危，在昏迷彌留中，羅老師握著羅爸的手，不斷持誦佛號，原本是希望羅爸一路好走，沒想到從下午唸到晚上，羅爸居然又恢復了精神，醒了過來。人家都說羅老師是孝感動天，羅老師卻覺得，自己怎麼做，都無法回報父親的愛，但是他很感謝上天，讓父親可以多活近三個月，讓羅老師有機會，可以親口跟羅爸說：「爸爸我愛你。」羅爸跟羅老師同住的九年，是羅老師一輩子學會最多的九年，「他教會我什麼是愛、感恩、孝順……他用他的生命來成就了我！」

那你呢？

你可以透過閱讀羅老師的書，吸收這些概念和想法，並且實踐它，雖然不容易，但是絕對值得！你的身教，可以影響孩子的一生。

邀請讀者細細品味，並且持續練習。

【推薦序】

破解幼兒教養難題的寶典

德國雙語幼兒園教學組長、《德國幼兒園原來這樣教》作者　莊琳君

一直好喜歡源自於德語的英文單字Kindergarten，說了這字彷彿心裡就浮上一幅風和日麗的畫面，一座專屬於孩子們的祕密花園，任他們在其中自由探索，觀察，遊戲跑跳，學習且茁壯。對於幼兒園學齡的孩子，想讓孩子盡情奔跑又怕他們跌跤，如何放手而不放縱，常是多數父母最難學習的一課。

在羅寶鴻老師的新書裡，不止傳授育兒祕訣，也針對其教育心理面向做了清楚的解釋，讓教養者能夠對孩子發展階段有正確的認知，先去思考，再談技巧，這是幼兒教養裡很重要的一環。**羅老師以他多年豐富的教學經驗，歸納出父母老師種種幼兒教養難題的破解法，讓父母教養孩子時能語氣不帶威脅，情緒不暴衝，即使孩子在公共場合吵鬧，也有能力從容優雅地處理。**

家有terrible twos and trying threes 孩子的父母，細讀此書，相信會有很大的收穫。

目錄

CHAPTER 1

搭配自由&紀律，才能成就自律的孩子

CHAPTER 3

淡定面對孩子的情緒問題

同理但不處理&秋後算帳 089

PART 2

實踐篇：教養從讀懂孩子開始！

CHAPTER 4

透視0～3歲幼兒心理發展，頭痛問題就能迎刃而解

CHAPTER 6

掌握6～12歲孩子生心理發展，不用囉嗦他也能學會獨立

PART 3

教孩子，從準備好自己開始！

CHAPTER 7

正確看待孩子的錯誤，以錯誤為友

【前言】

給因教養而焦慮的爸媽們

「老師！請你救救我，給我一些指引好嗎？」

「老師！請你幫助我這無助的媽媽！」

「老師！到底我要怎麼辦？請你給我一些建議好嗎？」

「不好意思這麼晚打擾老師，但我是因為一直睡不著所以才寫信給老師的，我已經快被我孩子搞瘋了……」

常常，都會有家長寫信來求救。

而大部分的問題，都跟孩子「不聽話」、「怎麼講都講不聽」、「越來越沒禮貌」、「越來越沒規矩」有關。

這些都是培養孩子規範的問題。

這本書，是我從事教育工作將近二十年的心得報告。

曾幾何時我跟很多人一樣，是一個認為「孩子就是要打要罵才會乖」的成人。

但很慶幸自己在這條路上，遇到一些當代偉大的教育家與傑出的老師，他們的教導深深地影響了我對孩子的看法，讓我逐漸瞭解到教育的真相是什麼，而且發現原來有很多比打、罵孩子更好的方式。

過去這麼多年來，我把這些觀念與方法應用在很多孩子身上，發現不論是0～3歲、3～6歲、6～12歲，甚至是12～18歲，效果都很好，而且沒有後遺症。

在機緣巧合之下，我開始把這些方法透過講座、網路的方式與大家分享，也因此獲得了許多正面的迴響。

從事教育這麼多年，我認識很多好老師；他們都可以把別人的孩子教得很好，但面對自己孩子時卻常常會破功、一籌莫展，最後在家裡只能用「有別於在學校對孩子」的方式來管教自己孩子。

過去這些年來我也常問自己：我是否也是這樣呢？如果是，那這種「能醫不自醫」的東西不是真功夫，只是表面上看起來很厲害、騙騙別人混口飯吃的伎倆而已。

然而在四年前，我的兒子誕生了……感謝上天給我試煉自己的機會。

我把我所會的方式應用在我兒子身上……結果發現，我不但沒有一籌莫展，而且還很得心應手。四年來我遵循著老師教導我的方式給予孩子教育，他的發展不但正常化，而且他還讓我看到很多只在書本裡面才有的真相。

我發現……原來我們只要給予孩子一個適合他發展的環境，配合一個瞭解他發展的成人，在環境中給予他自由、移除環境的障礙，孩子就會把他與生俱來的潛力，展現在這世界上。

原來書本裡面、老師上課時常講到的這些兒童內在祕密是真的，他與生俱來確實擁有著一份完美自己的生命發展藍圖與發展時間表，而且更重要的是——藉由內在導師的指引，孩子懂得把自己潛力發揮到最大的自我教育方式。

感謝上天給予的試煉，我通過測試了。於是，我開始想要把這些方法與更多人分享，讓大家也得到在教養育兒上的這份喜悅。

這時候，野人文化出版社的麗真與淑慧出現了……感謝你們把上天給予我的這份無形禮物變成有形的文字，出版成書。

本書是以二十世紀其中一位最偉大的教育家——瑪麗亞．蒙特梭利博士（Dr. Maria Montessori）的教育方式為主軸。

蒙特梭利博士強調，唯有我們成人先預備好自己，才能給予孩子更好的教育。好比我們中國人說的：「教女教兒，先教自己。」

本書的第一部分【理論篇：父母最常有的教養盲點！】是教育的「心法」。我們的心態對了、觀念對了，才有辦法辨別什麼是正確、什麼是錯誤的教育觀念。從正確觀念延伸出來的方法，才不會對孩子造成傷害。

第二部分【實踐篇：教養從讀懂孩子開始！】我們把孩子在第一個發展階段（0～6歲）裡面會出現的很多問題，以真實個案的方式來說明處理的方法與步驟，不但呼應【理論篇】的心法，還給予爸媽們實際回應孩子各種攻擊的「招數」，見招拆招，反敗為勝。

在本書第三部分【心態調整：教孩子，從準備好自己開始！】我們把第一、第二部分的「心法」與「招數」統整，幫助爸爸媽媽把這本祕笈的內容加以消化與內化，往內心更深層處探討，讓父母瞭解到在教育這條路上，原來最大的敵人是「自己」而不是「孩子」。幫助爸爸媽媽打通任督二脈，成為在教養育兒上的一代高手，並透過我們展現出來「溫和但堅定」、「以錯誤為友」的王者氣度，不戰而屈人之兵。

有些家長在使用本書方法時對孩子無效，我發現通常是因為：

❶【實踐篇：教養從讀懂孩子開始！】的各種招式還沒熟練，以致要使用時招數凌亂，無法得到該有的制敵效果；

❷【理論篇：父母最常有的教養盲點！】的觀念沒有到位，對「家長應有的態度」不夠瞭解，以致只有「招式」沒有「內功」，被孩子一擊即潰。

所以，「理論」與「實務」必須同時並行，我們才能有具體的教育效果。

希望透過這本書能讓每天都活在「水深火熱」中的家長，在教養育兒上走出一條康莊大道，幫助大家減少跟孩子之間的衝突、建立更圓滿的家庭。

歡迎大家進入瑪麗亞．蒙特梭利博士的願海。

羅寶鴻

二〇一七年三月十五日 燈下

PART 1

理論篇：父母最常有的教養盲點！

心態對了、觀念對了！所有教養問題都能迎刃而解！

孩子愛亂碰東西、一意孤行、自我中心、
在餐廳亂叫、推人搶玩具、要玩具不買就哭鬧……
好言相勸被當耳邊風，罵他又不聽，打了又心疼，
最怕的就是他當眾哭鬧……唉！教孩子怎麼就這麼難啊！

各位爸爸媽媽的心聲，羅老師都聽到了！
本書一開始先帶你一一破解教養問題背後的盲點，
擁有正確心態和觀念，爸媽就能不發飆，孩子輕鬆教！

教養情境 自我檢測表

你的教養觀是哪一種？是推崇「愛與尊重」的慈父慈母，還是擁有絕對權威的獅爸虎媽，或是「愛與尊重」和「自由與紀律」雙管齊下的聰明教養父母？進入本書【理論篇】之前，請先勾選這份教養情境檢測表。爸媽可以更清楚自己對於孩子教養的想法，也能進一步看看蒙特梭利專家如何聰明面對這些讓爸媽頭大的教養問題哦！（各題後頁碼標示，如 P.029 為本書相關主題的參閱頁碼）

1 你覺得父母應該對孩子有權威嗎？ P.051

a. 權威只會造成親子關係的疏遠，對孩子應該以愛和尊重才對。

b. 當父母當然要有權威，孩子還小沒有能力自己做決定，爸媽要時時提點管教。

c. 父母在給予孩子規範的當下應該有權威，但過了這段時間權威就應該結束。

2 哥哥在玩玩具，弟弟來搶而哥哥不給他時，大人應該如何處理？ P.055

a. 弟弟年紀小不懂事，哥哥應該讓給弟弟。

b. 年紀小的應該服從年紀大的，只要是哥哥在玩玩具，弟弟就絕對不能搶。

c. 玩玩具應該遵守「要玩就要輪流等待」的團體規範，但可以事先規定每人玩玩具的時間。

3 你覺得應該給予孩子多大程度的自由？ P.056

a. 每個孩子都有其天性，父母不應給予任何限制，應讓孩子完全自由發展。

b. 在孩子成人之前，給予他們自由只會養成孩子任性妄為的習性，不可放縱孩子。

c. 越年幼的孩子，給予的自由應越少；隨著選擇能力越好，再逐漸增加。在孩子不同的發展階段，應隨著他們的成熟度，給予孩子不同的自由。

4 你覺得父母該怎麼做才能讓孩子真正學會規範？ P.058

a. 爸媽應經常在孩子身邊提點，孩子一有不對就指正，他才會知道自己哪裡做錯。

b. 「經驗是最好的老師」，讓孩子經驗錯誤選擇後的結果，他才會成長。

c. 孩子做錯事情就要嚴格教導，對孩子的錯誤得過且過，只會助長孩子的壞習慣！

5 5歲大孩子在餐廳吵鬧時，爸媽該如何提醒他？ P.069

a. 「你看！大家都在看我們。這樣大聲說話會吵到大家哦！你乖乖的，媽媽等一下買冰淇淋給你吃，好不好？」

b. 二話不說，直接把孩子抱出餐廳好好「管教」！

c. 專注盯著孩子，用「溫和但堅定」的表情提醒他：「你大聲說話吵到大家了。在餐廳大家說話不會太大聲。」然後邊點頭邊問孩子：「我可以相信你會安靜吃飯嗎？」

6 孩子遵守與爸媽的約定改正錯誤行為，該怎麼誇獎他？ P.074

a. 孩子都喜歡大人的肯定，孩子一做對事情時，家長應該不吝給予讚美，如：「哇！我覺得現在的你好棒喔，你超讚的，你們有沒有看到他現在很棒！」大大鼓勵才有好的表現。
b. 給予真誠的肯定，具體指出孩子表現好的地方，但態度不宜浮誇戲劇化。
c. 孩子在大人的提醒下改正錯誤是理所當然的，過度讚美只會讓他驕傲自滿。

7 提醒孩子兩次之後他都不改進，該怎麼辦？ P.077

a. 提醒兩次都不聽話就應該加以警告，讓孩子知道你是「來真的」。
b. 孩子只是忘記了，家長多提醒幾次就好。
c. 提醒兩次之後都無效，就不要再提醒了。直接讓孩子體驗做錯誤選擇的後果。

8 關於孩子反抗、不聽話的行為，你的想法是？ P.080

a. 孩子與生俱來就有著探索環境、適應環境、挑戰環境，與征服環境的傾向。
b. 孩子會挑戰規範乃人類本能所致，是很正常且自然的事，從來沒有孩子天生就愛被規範。不需要把孩子挑戰規範解讀為「不聽話」或「不孝順」的行為。
c. 孩子會反抗、會不聽話是很正常的，但這不是因為他們「壞」，只是因為他們還沒有真正瞭解什麼是「好」。
d. 以上皆是。

9 當給予孩子規範而孩子出現情緒時，家長應該如何處理？ P.093

a. 孩子哭鬧是因為他不懂道理，所以爸媽應該更詳細地向他說明為何大人要規範他。
b. 做錯事還鬧脾氣！應該隔離孩子讓他自己一個人好好想清楚。
c. 用柔軟、開放的態度，接納孩子的情緒；但當下不做「處理孩子情緒」的事。不要對孩子「冷漠」，要持續以「同理」的態度來對待他。

10 若孩子做出錯誤的選擇，爸媽真的要坐視不管嗎？該如何應對？ P.084

a. 大人要說話算話，讓他經驗選擇後的結果。
b. 孩子選擇錯誤的選項，很有可能是好奇心所使。
c. 爸媽應該重新檢視自己給予規範時是不是出了問題，例如孩子根本不在意你給予的錯誤選擇的結果。
d. 以上皆是。

11 爸媽該如何跟孩子討論他的錯誤行為？ P.095

a. 事發當下就要跟孩子討論他的錯誤行為，這樣孩子才會留下深刻的印象。
b. 嚴格看待孩子所犯的錯誤，必須讓他從懲罰中得到教訓。
c. 孩子情緒過了高峰、恢復穩定之後，選擇午睡前、或晚上睡覺前孩子心靈比較放鬆、沉澱的時候，心平氣和與孩子討論今天發生的事情。

解答：1.c 2.c 3.c 4.b 5.c 6.b 7.c 8.d 9.c 10.d 11.c

「自由與紀律」教育的6大重點

重點1 制定明確規範——確立原則、堅持原則

重點2 與孩子討論並約定——事前約定

重點3 孩子違反規範時，成人可先採取的措施——提醒四步驟

重點4 幫助孩子建立規範的祕訣——兩個選擇

重點5 淡定面對孩子的情緒反應——同理但不處理

重點6 正確對待孩子錯誤的方式——秋後算帳

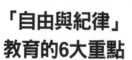

CHAPTER 1

「愛與尊重」的教育是不夠的?!

搭配自由&紀律，才能成就自律的孩子

明明給了孩子滿滿的愛和尊重，為何他反而我行我素、任性不體貼呢？
「愛與尊重」應該搭配「自由與紀律」，才能培養懂得愛人、尊重他人、自律負責的好孩子！
家長
羅老師

為何「愛的教育」在我家行不通？

只推崇「愛」的錯誤教養，比打罵更可怕

要給予孩子教育，成人是必須要有權威的。
但權威有兩種：一種是理性的權威，一種是非理性的權威。

——聯合國教科文組織蒙特梭利教育代表 Dr. Sylvia C. Dubovoy 博士

有一位家長曾經問我一個問題：「老師，我們對孩子應該要有『權威』嗎？」要回答這問題以前，我們必須先定義「權威」。權威（Authority）可以簡單地定義為「正當的權力」，權力是影響他人行為的能力，而權威則是行使此影響力的權利。德國政治經濟學家馬克斯・韋伯（Maximilian Emil Weber）認為：任何組織的形成、管治、支配均建構於某種特定的權威之上。**適當的權威能夠消除混亂、帶來秩序；而沒有權威的組織，將無法實現其組織目標。**

我們又常在很多教育相關網站上，看到類似的話如：成人要在孩子面前「捨棄權威」；我們應當以「謙卑」的態度來對待孩子；成人要蹲下身來、用孩子一樣的高度來看世界，才能真正瞭解孩子的內心……等等。似乎都在表示我們成人應該捨棄自身的「權威」，才能把教育做好。

但是，現在社會上似乎又有一個現象，**就是越來越多尊重孩子的父母，但卻有越來越多不尊重**

父母的孩子。

在一次親職講座結束後一位老師問：「請問羅老師，什麼是教育的核心價值？」

我回答：「教育的核心價值無非『愛與尊重』，我想這大家都知道；但我想補充的一點是——**到底我們對孩子的『愛與尊重』，有沒有培養出孩子的『自愛與自重』？**」

CASE 1

父母的「愛與尊重」為何只換來孩子的「冷漠與無禮」？

有一天我帶父親去看醫生，在等待看診時聽到隔壁的國小學生（大概三、四年級）跟媽媽的對話如下：

孩子生氣地說：「我就跟你說我不想來啊！」

媽媽以溫和、柔軟的語氣說：「可是媽媽不舒服想要你陪我來啊……萬一我怎麼樣你可以幫我打電話給爸爸……」

孩子：「可是我就是想待在家裡啊！」

媽媽想了一下，輕聲地問：「那你要在家裡做什麼？」

孩子理所當然地說：「打電動啊！」

然後一陣沉默……（媽媽大概在想跟我一樣的問題：為什麼這孩子寧願在家裡打電動，都不願意陪不舒服的媽媽來看個醫生？）

過了一會兒，孩子又不耐煩地說：「現在到幾號啦？」

媽媽看一下看診燈說：「九號。」

孩子：「那你幾號？」

媽媽：「十六號。」

孩子又生氣地說：「唉！你以後要看醫生自己來看，不要叫我來！」

媽媽頓了一下，仍以尊重且柔軟的語氣安慰孩子說：「等一下買蛋糕給你吃啦……」兒子頭也沒有回生氣地說：「要吃你自己吃，我不想吃！」

我心想：好一個充滿愛與尊重的慈母；好一個不愛父母、不尊重父母的不孝子。

如果我們對孩子的愛與尊重，換來的是孩子對我們的不尊重與不自重，那這種「愛與尊重」充其量只是讓我們「自我感覺良好」的錯誤教育方式而已！

故事中的媽媽問題在哪裡呢？

問題在：她的教育裡有著對孩子的「愛與尊重」，但卻沒有「自由與紀律」。她給了孩子自由，卻沒有給予任何約束孩子（尊重自己、尊重別人）的紀律，因此教育失敗。

蒙特梭利觀點

孩子還小時，成人給予教育必須有權威

──「理性權威」VS「非理性權威」，孩子需要的是能幫助生命發展的「理性權威」

我在美國進修蒙特梭利教育時，很幸運遇到的都是當代教育名家，其中一位是聯合國教科文組織的蒙特梭利教育代表 Dr. Sylvia C. Dubovoy 博士。她在「自由與紀律」的講習裡，曾清楚地對我們說明：**「要給予孩子教育，成人是必須要有權威的。但權威有兩種：一種是理性的權威，一種是非理性的權威。」**

・理性權威（Rational Authority）的目的是幫助孩子生命發展

「理性權威」建立在經驗與知識上，其目的是為了幫助孩子生命發展。**成人對孩子的權威，只會表現在特定的時間點上，例如當成人需要給予孩子規範時；但過了這段時間後，這權威就結束。**所以理性權威是有時間性的，例如廚師在廚房煮菜的時候，他是當時的權威，但下班了就不再是。又例如老師在教室上課的時候是權威，但離開教室之後就不再是。

在孩子還小的時候，成人是孩子的權威，因為成人有足夠的知識與經驗，能幫助孩子學習如何做正確的選擇。他們之間的關係，一個是知識的領導者、一個是熱情的學習者，透過彼此互動成為一種對兩者都有益的相互經驗。

・非理性權威（Irrational Authority）的目的是滿足個人欲望

「非理性權威」建立在個人的控制欲、權力欲與支配欲上，其目的是為了要滿足個人欲望，而非幫助孩子生命發展。這種成人，總是會用權威的方式對待孩子，他們不相信孩子，也不相信孩子夠成熟可以自己做決定，所以無時無刻都在操控著孩子的所有事情。

有一次跟一位朋友聚會，在吃飯的時候我聽他提醒孩子的次數不下二十次：「請你坐的時候不要駝背要坐好……」「來，這個你要多吃，因為對你身體很好。」「這個你已經吃太多了，要留一些給別人，不可以再吃了知道嗎？有沒有聽到？」「叔叔幫你夾菜你有沒有跟叔叔說謝謝？」「你為什麼眼睛紅紅的？等一下回去要馬上睡午覺知道嗎？」……

過度控制的父母，處處都以自己的決定取代了孩子的選擇，這樣不但容易培養出沒自信、沒主見的孩子，還可能會讓孩子內心產生「偏態」（Deviation，意指心靈上的缺陷，是因為內在發展需求沒有被回應而產生的）而造成各種偏差行為，如：違抗（disobedience）、暴力（violence）、侵略性（aggression）、佔有欲（possessiveness），說謊（lies）、哀怨（whining）、依賴（dependence）……等問題。

蒙特梭利
觀點

權威不是情緒，不是憤怒，而是原則

——「愛與尊重」≠給予孩子規範時對他捨棄權威

遺憾的是，**非理性權威的父母在控制孩子時常常是不知覺、而且不能自己的**。這可能來自於童年時期的匱乏，或錯誤的教育觀念，藉由不斷控制孩子，來獲得內心的安全感與滿足感。

父母這種教養方式，也容易造成孩子被過度控制而反彈，變得越來越情緒化，而成人也逐漸需要用更大的力量與情緒來強迫孩子聽話，造成雙方更大的傷害。要讓父母走出這種錯誤的教育方式，家長必須要常常有意識地提醒自己，不要對孩子處處干涉，以自己的決定取代孩子的選擇，要把自主權歸還給孩子，問題才能逐漸修正。

所以在給予孩子教育時，成人是要有權威的，而且是「理性的權威」。很多時候當講到「父母要有權威」的時候，我們內心影像就是一個雙手叉腰、帶著嚴厲態度責罵小孩的父母。這確實是很多人從小到大對「父母權威」的經驗與瞭解……

但其實權威並非「情緒」，也不是「憤怒」。**在教育上用來捍衛紀律的，不應該是成人的情緒，而是對紀律的「原則」。所以自由不能沒有紀律、紀律不能沒有原則；在自由與紀律裡，必須包含著成人的理性權威。**

「愛與尊重」本身沒有錯，但必須配合自由與紀律。成人要在孩子面前捨棄自己的權威、我們應當以謙卑的態度對待孩子……這些話也都沒有錯（我也常跟老師家長講），但我們要用在「對」的地方。

這些教育家的話是用來提醒我們在觀察孩子生命發展、探究孩子內在需求時要用客觀、謙卑的心態，而不是要我們在給予孩子規範時要對他捨棄權威！如果我們連正當的權威都捨棄掉，那當孩子不遵守規範的時候，我們要用什麼來幫助孩子呢？

「自由＆紀律」如何拿捏才能恰到好處？

成人應先充分瞭解「自由與紀律」的定義

要幫助孩子生命發展正常化，除了要為孩子預備完善的環境，還須要配合良好「自由與紀律」的平衡，孩子才能朝著正常化方向發展。

——瑪麗亞．蒙特梭利博士

教育最重要的兩大元素為「環境」與「成人」。

蒙特梭利博士說：要幫助孩子生命發展正常化，除了要為孩子預備完善的環境，還需要配合良好「自由與紀律」的平衡（Good Balance of Freedom and Discipline），孩子才能朝著正常化方向發展。**成人是落實「自由與紀律」的關鍵**。如果我們不懂得如何給予孩子紀律、不知道自由的尺度該到哪裡，或如果我們為了維持秩序而過度限制孩子、壓抑孩子，那在這樣的環境裡，孩子將無法獲得正常化。

有一天早上，我受邀到某一所蒙特梭利幼兒園的班級裡做觀察。在教室內，我驚訝地發現在兩小時工作時間裡面，教室一直都處在混亂、吵雜的狀態。縱然老師偶爾會提醒小朋友要遵守規範，例如「請你慢慢走、請你們說話小聲點……」但孩子們都沒有遵守。在這種氛圍下大家都心情浮躁，有教育性、目標性的教具都淪為被孩子隨便把玩的積木。我環顧四周，發現這裡的硬體設備非常完善，但很可惜教室的靈魂——成人本身——並沒有預備好。

顯然，這班級的老師們對「自由與紀律」並沒有充分的瞭解。所以在工作時間結束後，我與班上的老師約談，為她們詳細說明「自由與紀律」是什麼。

蒙特梭利觀點

給予孩子的自由，應是伴隨規範的「有限制的自由」

——越年幼的孩子，給的自由應越少；隨著孩子選擇能力越好，再逐漸增加自由的尺度

很多人認為「自由」就是「我想做什麼都可以、我想怎麼做都可以、我想什麼時候做都可以」，但這並非真正的自由，更不是我們在教育上該給予孩子的自由。

自由意指：在遵守社會規範與團體守則前提下，做自己想做的事。所以，自由本身就有相對的紀律與限制。例如在一個蒙特梭利教室裡面，孩子都有操作教具的自由，但前提是不可以拿別人正在操作的教具。

在家也一樣；如果哥哥在玩玩具，弟弟來搶而哥哥不給他時，大人不應該要求哥哥要把玩具讓給弟弟玩。因為這樣的做法，無疑是在教導弟弟「只要我想玩，我就可以玩」的錯誤觀念，而不是「要玩就要輪流等待」的正確團體規範。

這時候我們可以告訴弟弟當哥哥在玩的時候，要等哥哥玩完之後再輪到弟弟，或者可以詢問哥哥可否讓他加入一起玩，並與弟弟演練該如何詢問。

自由與「民主」息息相關，人類擁有自由的權利，但也需要在某種社會制度下受到約束。在民主社會裡面，每一個公民都擁有使用社會資源的自由權利，但同時也有履行社會責任、遵循社會法律的義務。瞭解這觀念後，我們對給予孩子的自由就比較明確了：**我們給予的自由，是「有限制的自由」**。

所以，蒙特梭利博士說：**自由是整個演化過程的「結果」，而不是「開始」**。**越年幼的孩子，他們的自由就越少；隨著他們選擇能力越好，自由就會逐漸增加**。如果他們沒有好好利用自由，自由就會減少。在孩子不同的發展階段，隨著他們成熟度增加，我們會給予孩子不同的自由。

好比一個孩子想要打籃球，加入了籃球社。一開始由於他還不瞭解球場上的規則、沒有練就熟練的技巧，所以他在球隊裡是被限制的，沒有自由上場比賽。隨著他不斷地練習技術越來越好、也逐漸瞭解比賽規則，他就慢慢擁有可以上場比賽的自由。因此，「自由」是在他學習過程中的「結果」，而非「開始」。

蒙特梭利 **觀點**

孩子真正需要的是規範而不是放縱

——對0~6歲孩子而言，規範能給予他安全感，幫助他瞭解環境、適應環境

「放縱」就是缺乏規範的自由；現今社會大眾在普遍誤會「自由」下，很多家庭給予孩子的自由都淪為「放縱」，這對孩子的發展是沒有任何幫助的。

我朋友開了一間手作工作室，主要顧客都是媽媽群，常常也有媽媽會帶孩子一起去。但有些孩

子去到那邊會沒問過主人，就把抽屜任意打開、把盒子裡面的東西拿出來把玩、然後隨便亂放，不小心又會把東西弄壞、打破。

我朋友看到這些媽媽都太過「尊重」孩子，任意讓孩子為所欲為也都不提醒，但當下又不好意思跟這些媽媽說，最後只好把這些人都列為「黑名單」，不再讓她們過來，以免她們的孩子繼續肆意地破壞工作室，同時再三提醒我，一定要把這件事寫在我的書裡面，告誡那些不懂得教育孩子的媽媽。

如果我們沒有給予孩子正確的教育，結果讓孩子害了自己、害了別人、又害了父母……這又何苦呢？「紀律」（Discipline）簡單來講就是「規範」，是培養孩子瞭解「尊重自己、尊重別人、尊重環境」的約束。對0～6歲孩子而言，規範能給予孩子安全感，因為這時候是他們「透過外在秩序，來建立內在秩序」的時期（a child constructs his inner order through the outer order）。環境的規範能讓孩子在日常生活上有所依循、並做出預測（例如做什麼事會有什麼後果），幫助他們瞭解環境、適應環境。

所以，**規範也伴隨著孩子做出選擇後所要面對的結果**。例如：在學校裡，每個孩子都有活動的自由，但其中的規範是：「不傷害別人」。當孩子出現推撞、拉扯別人的行為時，老師當下會趨前制止，告訴他這是不當的行為（詳細請見第二章提醒四步驟1、2），並告訴他再繼續推撞別人會有的結果，例如老師會說：「如果你再推撞別人，你可能就沒有辦法再繼續活動了。」

這時孩子會有兩個選擇：❶使用正確方式可以繼續活動，❷繼續用錯誤方式被中止活動。

若孩子選擇正確的方式，老師可以當下給予孩子肯定（詳細請見第二章提醒四步驟4），並允許他繼續自由活動。但若孩子選擇繼續用不正當的方式，老師就要有原則地讓孩子經驗他選擇後的結果——他會被老師邀請到旁邊休息。**西方諺語有云：「經驗是最好的老師」，透過讓孩子經驗選擇後的結果，他會真正有所學習，下次才會懂得做正確的選擇。**

蒙特梭利觀點

對孩子的愛，應放在幫助他「經驗錯誤」而非「規避錯誤」

——2～3歲是學習針對規範做出選擇、並面對結果的良好時機

孩子在2～3歲的「自我認同危機期」（簡稱「叛逆期」），是開始學習針對規範做出選擇、並面對結果的良好時機。

但很多時候當孩子要面對結果時，家裡的成人、長輩往往會介入「拯救」孩子、幫他們解套。例如當媽媽提醒孩子三次無效後，決定要處罰孩子，但這時候爺爺奶奶卻不忍心孫子被罰，於是出面要求媽媽不要處罰他，最終讓媽媽放過孩子。其實，這樣的做法不但對孩子沒有好處，而且還會有深遠的影響。

在孩子社會化（socialization）的過程裡面，大概2～3歲時他們會發現：「我的自由，在另一個人的自由開始時就會結束。」（My freedom ends where another person's freedom begins）例如，當爸爸要看電視時，他就沒有辦法繼續看卡通。透過這種經驗，孩子會慢慢瞭解別人的需求、學習如何與別人溝通、共處，這是孩子發展社會性行為的必經過程。

選擇後會有結果是很自然的，例如孩子如果一直拉扯檯燈的電線，檯燈會掉下來；下雨如果沒

有穿鞋子，腳就會濕掉……等。在「自由與紀律」上也一樣，若孩子選擇不遵守規範，就會失去某些自由。但如果有成人基於過度保護孩子而不斷去改變這些結果，最後反而會讓孩子不知道自己做的事會有什麼後果，也會誤導他們認為不需要為自己行為負上責任。

我常叮嚀家長：「**我們對孩子的愛，應該要放在『幫助孩子經驗選擇後的結果』上，而不是『幫助孩子規避選擇後的結果』上。**」從小幫助孩子經驗選擇後的結果，以後孩子就懂得如何做正確選擇，並為自己負責任。但從小幫助孩子規避選擇後的結果，以後他就會常常做出錯誤決定，而且習慣逃避責任。

很多時候我們在捍衛原則時，往往會不自主地用「威脅」或「恐嚇」等言語，例如：「你再這樣我就不給你玩囉！」、「你再這樣我就生氣囉！」或者是「你敢再這樣試試看？你看我會不會揍你？」其實這些話都會挑釁孩子的情緒，對處於「叛逆期」的孩子來講，可能只會讓他們繼續「不聽話」，做不正確的選擇。

而當孩子繼續「不聽話」，我們讓他經驗不聽話的結果時，他們又會大哭大鬧，讓我們更火大、「不得已」地做出更多錯誤的教育行為……

或許我們小時候都是這樣被父母、長輩教大的，所以現在很自然也只會用這些方法來對付孩子。然而，難道在教導孩子規範上我們只能把上一代留給我們的遺憾傳承到下一代嗎？有沒有其他方法可以中止這場冤冤相報的輪迴呢？

答案就在蒙特梭利教育給予規範時所使用的——「自由與紀律教育的6大重點」。

在下一篇，我們將介紹如何實施「自由與紀律教育的6大重點」，幫助孩子建立規範。

是否有明確的方法讓孩子學會自律？

把握「自由與紀律教育的6大重點」準沒錯！

在團體裡面當個人的自由已經影響到別人的自由時，這個自由就應該被限制。
所以，我們需要制定明確的規範來防止這件事情再發生。

CASE 2

孩子故意擋住溜滑梯不讓其他人玩

有一天在幼兒園戶外活動的時間，大家在玩溜滑梯的時候，翊維（5歲半）故意跪在滑梯前面，不讓大家溜下來。

孩子們說著：「請你離開！」「請你不要擋著！」只看到翊維頑皮地笑著，繼續跪在滑梯上。

當老師看到這情形，就趨前請翊維離開；但沒多久，他又再這樣玩。（根據老師說，他是當時班上「天王級」的人物）

當時，我剛到這所幼兒園做顧問。所以下課後，老師就詢問我這問題要怎麼處理。

我告訴老師：「翊維這樣的行為是不正確的；在團體裡面當個人的自由已經影響到別人的自由

時，這個自由就應該被限制。所以，我們需要制定明確的規範來防止這件事情再發生。」（**※制定明確規範——確立原則**）

第二天出去戶外活動前，我請老師先在教室團體討論昨天發生的事件，並跟孩子們約定在溜滑梯的時候，不能站在滑梯前面擋住別人溜下來。如果被老師提醒後還是繼續，那這位小朋友就只能在旁邊看別人玩了。（**※與孩子討論並約定——事前約定**）

到了戶外活動時間，我跟著老師們一起到外面觀察孩子。果然，翊維還是有這樣的行為。大家又叫著：「請你離開！」「請你不要擋著！」他仍然笑咪咪地擋著不離開，覺得很好玩的樣子。

於是我走過去請翊維跟我到旁邊，並問他：「翊維，我看到你跪在溜滑梯前面不讓別人溜下來，你知道這樣是不正確的嗎？」（**※提醒四步驟１、２**）

他裝著一個很無辜的臉說：「我知道啊——」

我說：「那既然你知道，你為什麼還要這樣呢？」

他說：「可是我就是想要啊——」（果然是「天王級」的！）

於是我說：「那你要不擋著別人溜下來，可以繼續玩；還是你要繼續擋著別人，等一下沒得玩？」（**※給予兩個選擇**）

他笑笑地說：「要繼續玩——」

我說：「我可以相信你會遵守約定嗎？」（**※提醒四步驟３**）

他說：「可以！」

我說：「好的，我相信你！」（**※提醒四步驟４**）

當時他還不太認識我，放他回去玩的時候，我很清楚：他等一下應該很快又會再來一次。

果然不到5分鐘，他又擋在溜滑梯前面，造成小混亂。

這時候我又走過去，請翊維跟我到旁邊。我對他說：「翊維，我又看到你跪在溜滑梯前面不讓別人溜下來，現在你只能夠在旁邊看別人玩了。」**（※讓孩子經驗選擇後的結果）**

他馬上很大聲地說：「不要！」並且開始生氣！

我說：「你想要繼續玩是嗎？」

他還是很大聲、很生氣地說：「是！」

我說：「那我們可以討論，但要等你不生氣的時候。」

他看著我，大聲地吼著：「啊————」

我用同理的眼神看一看他，然後別過頭，繼續觀察其他小朋友。**（※同理但不處理）**

「啊————」他仍然繼續叫著，但叫一下就沒有繼續叫了。因為，他已經發現他的「生氣攻擊」對我沒什麼用。**（※堅持原則）**

過了2分鐘，我問他說：「你要繼續生氣沒得玩，還是要不生氣跟我討論？」**（※給予兩個選擇）**

這時候他變得很聰明地說「要討論……」而且完全沒有生氣了。**（※由此可知，他的生氣只是情緒勒索的手段）**

我說：「生氣有用嗎？」他說：「沒有……」

我說：「那下次要跟老師生氣、還是要討論？」他說：「要討論……」

我看著他，用肯定的語氣說：「對，很正確。」

然後，我就繼續觀察其他小朋友，讓他站在我旁邊。（※堅持原則）

他覺得怪怪的，對我說：「那老師我可以去玩了嗎？」

我說：「可以站在溜滑梯前面擋住別人嗎？」

他說：「不可以──」

我看著他，用肯定的語氣說：「對，很正確。」

然後，我就繼續觀察其他小朋友，讓他繼續站在我旁邊。（※堅持原則）

又過了一下他又問：「老師，請問我可以去玩了嗎？」

我說：「可以站在溜滑梯前面擋住別人嗎？」（※為什麼我不回答他呢？因為他是知道答案的，只是透過問句在試探我。如果我回答，可能又會挑釁他的情緒，讓他沒完沒了地耍賴。）

他說：「不可以──」

我看著他，用肯定的語氣說：「對，很正確。」

然後，我就繼續觀察其他小朋友，讓他繼續站在我旁邊。（※堅持原則）

接下來他再問，我還是以同樣的方式回應他……（※堅持原則）

很快地，戶外活動時間要結束了，老師請大家開始集合、排隊。這時候，我對翊維說：「翊維，下次你要不擋著溜滑梯有得玩；還是要擋住別人沒得玩？」（※兩個選擇）

他說：「要可以玩。」

我說：「那我可以相信你下次會遵守約定嗎？」（※提醒四步驟3）

他看著我說：「可以。」

我用肯定的語氣說：「很好，老師相信你，去排隊進教室吧。」（※提醒四步驟4）

他沒有繼續跟我耍賴了。因為他知道，跟我用這些招數是沒用的。

蒙特梭利觀點

正確的規範給予能幫助孩子從經驗學習，下次懂得做正確選擇

經過這次經驗之後，他就沒有再擋住溜滑梯了。證明正確的規範給予方式，能幫助孩子從經驗中學習，下次懂得做正確的選擇。總括來講，「**自由與紀律的6大重點**」為：

〔重點1〕制定明確規範並堅持態度——確立原則、堅持原則

〔重點2〕與孩子討論並約定——事前約定

〔重點3〕孩子違反規範時，成人可先採取的措施——提醒四步驟

〔重點4〕提醒兩次無效，就要幫助孩子建立規範的祕訣——兩個選擇

〔重點5〕淡定面對孩子的情緒反應——同理但不處理

〔重點6〕正確對待孩子錯誤的方式——秋後算帳

本章已說明制定規範並堅持態度的重要性。接下來的幾章，將針對「提醒四步驟」、「兩個選擇」、「同理不處理」、「秋後算帳」進行詳細說明。

CHAPTER 2

提醒四步驟 & 兩個選擇

聰明解決孩子的不當行為

話語要簡潔且有力，切忌用主觀的責備、批判的言語，以免孩子產生對立心，適得其反。
每次孩子犯錯提醒他時，說破了嘴他仍當耳邊風，孩子是不是故意跟我唱反調啊？
家長
羅老師

孩子違反規範時，如何才能避免親子衝突？

提醒四步驟：「溫和但堅定」的態度比說大道理更有效！

一位有經驗的幼教老師，能用有效的方法，把孩子跟老師之間的衝突降到最低。重點就在提醒時以「溫和但堅定」的態度開始，把孩子吸引住。

前一章提到，蒙特梭利教育給與規範時所使用的「提醒四步驟」和「兩個選擇」可以協助孩子建立規範。

當孩子違反規範時，成人可以先採取的措施是「提醒四步驟」。

我在台北市一所蒙特梭利幼兒園當顧問的時候，某天早上一位剛畢業的幼教老師——小米，來到我們園所上班。

第一天來工作，她被園長安排到2～3歲的教室裡，協助班上的主教老師。在早上工作時間，她看到孩子們都很獨立、有秩序、專注地做著自己選擇的工作，在驚嘆這些3歲不到孩子們能力的同時，一整個早上她臉上都掛著愉悅、滿足的笑容。

我在她隔壁的另一間3～6歲教室輔導，看到第一天上班的她，這麼地為孩子而喜悅、覺得人生是多麼有意義時，我心想：「很好，但等吃飯時間你就知道了……」

CASE 3

孩子吵鬧時跟她好好地說道理，卻不理會大人

時間飛快，中午吃午餐時間到了。她被安排到一張圓形大桌子，負責照顧四位2歲半左右的孩子們吃飯。她們一起合掌唸完感謝文後，就開始用餐。滿足的笑容，仍然掛在小米老師的臉上。

我隔著一張桌子陪著中、大組孩子們用餐，同時邊吃飯、邊觀察整個環境。當然，「觀察新老師」也是我的工作之一。

果然如我所料，吃飯時間過了10分鐘後，小米老師那桌開始出現狀況了。因為，通常2歲半的孩子吃飯專注度，大概都只有10～15分鐘左右。

一位坐在小米老師旁邊的小女生——阿芯，突然把她右手的湯匙握住（像拿著棒子般）舉起，並開始在碗上敲，發出「吭——吭——吭——」的聲音。

當小米老師看到她正做著不正確的事情，馬上就給予提醒。她面帶著笑容、溫和地對阿芯說：「阿芯～我們現在在吃飯喔，你這樣子敲碗會很吵，會打擾到我們喔！而且這樣你就沒辦法繼續吃飯了。來，請你把湯匙放下來，我們繼續認真吃飯，**好不好？**」

阿芯被小米老師提醒後，當下停頓了兩、三秒，思考著下一步要怎麼做……

然後，她用天真無邪的笑容看著小米老師，舉起拿著湯匙的手、繼續邊笑邊敲碗。很顯然，阿芯已經用她的行動來回答老師了：「**不好！**」

小米老師再用相同的方式提醒一次，但阿芯仍然繼續敲著碗，提醒再度無效。

小米老師越來越焦急了，她脫口說出：「請你不要再敲碗囉，如果你再這樣我就要沒收你的湯匙囉！」但此時她突然發現，原來我一直都在觀察她。

她知道「你再這樣我就……」這種威脅的話語，在有理念的幼兒園裡是不適用的。所以她只好把這句話吞回肚子裡。然而，情況不但沒有改善，而且變得更糟。

同桌的三位小朋友，看到阿芯「挑戰權威」成功，也開始加入行列。剎那間四個小朋友同時敲著碗，「吭——吭——吭——」地奏起四季協奏曲，好不熱鬧。

小米老師眼看當下控制不了場面，整個耳朵都紅了，不知所措地看著小朋友說：「請你們不要再敲了好不好？」答案當然是：四位小朋友看著她繼續快樂地敲碗。

其實，在聽到小米老師說出：「阿芯，我們現在在吃飯喔，你這樣子敲碗會很吵，會打擾到我們喔！而且這樣你就沒辦法繼續吃飯了。來，請你把湯匙放下來，我們繼續認真吃飯，好不好？」這番話時，我心裡暗想不妙。

姑且不討論這番話既冗長又沒有力量，最糟的是最後還用了禁忌語「好不好」來收尾。

我常跟家長和老師提到一個重點：

提醒孩子遵守規範並不是一個邀請，不需要在句尾加上「好不好？」

看到眼前失控的情況，我必須介入了。

於是我站起來，緩慢地走過去他們那桌，開始使用「提醒四步驟」。

蒙特梭利**觀點**

降低大人與孩子衝突的「提醒四步驟」

——成人保持「溫和但堅定」的態度，不要挑釁孩子的情緒

我以「溫和但堅定」的表情，注視著阿芯雙眼，一步一步地慢慢趨前，往她桌子方向走過去。阿芯看到我向她走過去時，當下她也看著我。

走到她前面時我蹲下來，繼續看著她。

她看到我蹲下來看著她時，她敲碗的動作也停下來了。

我再以「溫和但堅定」的語氣，對她說了兩個字：「阿芯。」

此時，她雙眼看著我，整個身體完全定住了。

同桌的其他三位小朋友，也完全定住。

一位有經驗的幼教老師，能用有效的方法，把孩子跟老師之間的衝突降到最低。重點就在提醒時以「溫和但堅定」的態度開始，把孩子吸引住。

正所謂「好的開始是成功的一半」，這樣的前置準備通常都能夠在當下讓孩子穩定下來，如同《孫子兵法》裡面所說的：「不戰而屈人之兵。」

但接下來的四個步驟，才是真正影響教育結果的關鍵，讓我們來看如何演變。

Step 1 敘述你看到的行為

然後，我同樣以「溫和但堅定」的語氣對阿芯說：「我看到你在敲碗。」

阿芯聽到我講這番話，頭上彷彿出現一個驚嘆號，思考著自己剛做了些什麼。

客觀地「敘述你看到的行為」，是很重要的步驟。因為有時候孩子在太興奮、太高興、太累、太生氣……等情況時，會無意識或不理智地做出一些脫序的行為。當然，孩子也可能是故意的，因為他想要知道繼續這樣做會有什麼結果。

但透過我們這步驟的言語引導，能幫助他在當下把焦點拉回到自己身上，使他的行為暫時停頓下來；哪怕只有一、兩秒，這都是給予教育的關鍵點。

注意事項

用責備的語言告知孩子，只會激起孩子的對立

此時不要用責備的言語來告知，因為孩子的OS會如下：

「喂！你這是在幹什麼？」（孩子OS↓在敲碗！）

「停！你為什麼在敲碗？」（孩子OS↓因為我想！）

「你這樣很吵知不知道？」（孩子OS↓不知道！）

「你不要再敲了聽到沒有？」（孩子OS↓沒聽到！）

這些負面的話語，都很可能讓孩子內心生起對立心，讓事情更難處理。

Step 2 告知孩子為什麼不要這樣

當下等孩子已經把焦點放回自己身上了，緊接著要做些什麼呢？

接著我繼續用簡潔、有力的話語，跟阿芯說：「這樣是很吵的。」阿芯聽到這句話後，她的動作還是定住，但看得出來腦袋已經開始在思考這被我提醒的原因。透過這個步驟，我們能讓孩子瞭解、或再確認這個行為不恰當的原因，以及為什麼不要繼續做。

注意事項

提醒孩子，重點一個就夠了！

❶ 話語要簡潔且有力，不要冗長沒重點。

❷ 不要敲碗的原因很多，但說一個重點就足夠。若要詳細說明，應該在事後討論，而非在當下給予「提醒四步驟」時。

❸ 切忌用主觀的責備、批判的言語告知，如：「這樣吵死人了你知不知道？」以免孩子產生對立心，結果又適得其反。

Step 3 告知／示範正確的方式

到這裡我們已經達到教育效果了；接下來，要加強孩子對這件事情的正面學習，我們要使用提醒四步驟3。

進行到這裡，因為我沒有用任何負面言詞或行為來挑釁孩子情緒，她仍然是穩定的；所以主動權，仍然在我們手上。

再來就要告知她、或示範給她看什麼才是正確的方式。

這時候，我把阿芯握在手上的湯匙輕輕地拿過來，放在我右手三指上，並告訴她：「我們是這樣拿湯匙的。」

然後，我說了一句「提醒四步驟」裡面最關鍵的句子。

我看著阿芯，邊緩慢地點著頭，邊微笑地說：

「我可以相信你現在會認真吃飯嗎？」

當下阿芯也跟著我，點點頭。

於是，我把湯匙遞還給她。

她接過湯匙，慢慢地舀了一口飯，吃到嘴巴裡面。

到此，勝負已定。

邊點頭、邊笑著說「我可以相信你現在會＿＿＿＿嗎？」是「提醒四步驟」裡面的核心引導步驟，同時也是讓孩子從錯誤中得到正面學習體驗的重要關鍵。

在言語上孩子聽到「我相信你」，在身體語言上孩子看到我們「點頭」表示肯定，他會感覺到

自己不正確的行為是被我們所包容與原諒的。

他並沒有因為做不對的事情而失去我們的愛與信任；而且，我們還願意相信他會做正確的事情。這正是在教育上，我們要培養孩子「以錯誤為友」的具體做法之一。（有關「以錯誤為友」，我們會在往後章節繼續討論）

同時注意這裡有一個說話的藝術，我們是用「疑問句」來詢問孩子的：「我可以相信你現在會嗎？」

透過正面的言語和身體語言的引導，孩子在這時候被詢問，自然也會用正面的態度來回應，以言語或身體語言來表示：「可以。」而當他表示「可以」的同時，他也同時確認了自己接下來會做正確的行為，並為自己剛才所做的事下台一鞠躬了！

注意事項

相信孩子，讓孩子願意遵守規定

❶ 當孩子說完「可以」之後，成人不要用任何懷疑的態度來對待孩子，或對孩子說：「是嗎？你真的會這樣嗎？」這種沒有教育效果的話。

❷ 孩子是我們的一面鏡子，他每天正透過我們對他的態度，來認識自己與建構自己的人格。很多時候都是因為我們願意相信他們，所以他們才會做到的。

❸ 因為相信孩子，所以孩子變得偉大；因為質疑孩子，所以孩子變得渺小。我們的質疑，只會讓他懷疑自己的價值、懷疑我們對他的信任與愛。

❹最後請記住在這裡要使用的疑問句是：「我可以相信你會＿＿＿＿＿嗎？」而不是：「那我們現在來＿＿＿＿＿了好不好？」最後的三個字「好不好」，往往都是讓很多完美引導功虧一簣的元凶。

Step 4 當下給予肯定

最後，我們要替孩子的正確行為，畫下完美的句點——提醒四步驟4。

在看到阿芯接過湯匙，慢慢地用湯匙舀了一口飯，吃到嘴巴裡面後……

我當下看著她的雙眼，邊點著頭，以誠懇、肯定的語氣笑著對她說：「是的。謝謝你。」她聽到我的嘉許，露出了「想笑又不敢笑」的靦腆。我感受到，因為我的肯定，她更確定自己現在的行為是正確的。

在孩子做錯事的時候，我們很多時候都會當下給予提醒、指責、批判或喝斥；但在孩子做對事的時候，我們卻常常吝嗇給予肯定。

然而，在孩子修正自己行為後的當下肯定，對孩子是很重要的。因為他能透過我們進一步確認這行為，同時也增長了孩子的自信心與自尊心。

注意事項

給予真誠的肯定，浮誇的讚美不是「孩子的需求」

❶ 我們要給予的是真誠的肯定，而不是浮誇的讚美，例如：「哇！我覺得現在的你好棒喔，你超讚的，你們有沒有看到他現在很棒了，對呀……」

❷ 我常跟家長和老師說，這些浮誇的嘉許方式只是「成人的浪漫」，而不是「孩子的需求」。試想如果別人常用這種方式稱讚你，你會覺得他是在真誠對你還是在跟你演戲呢？如果對成人我們不會這樣，為什麼對孩子我們就會這樣？

❸ 細想之後可能就會發現，其實這些都是「成人把孩子看得太渺小」的做法。須知道我們真誠的肯定，會讓孩子內心更茁壯、更肯定自己的正向行為。浮誇的讚美，只是一齣讓大家笑笑的戲劇而已，沒有太大教育效果。

習慣於大人浮誇讚美的孩子，容易養成一種「索取別人讚美」的習慣。他做了些什麼事，就會馬上走到大人旁邊炫耀，讓大人再「演戲」給他看。而當大人沒有用同樣的強度來「演繹」時，他可能就會不高興，或意興闌珊不想再繼續做，或者覺得自己做得不好，因此變得沮喪、氣餒。其實，這都歸咎於大人一開始給予不適當的引導，結果養成孩子不適當的行為。

提醒好多次，孩子還是不遵守規範，該怎麼辦？

兩個選擇：讓孩子體驗後果，他才能真正內化規範

孩子與生俱來就有著探索環境、適應環境、挑戰環境，與征服環境等人類傾向，孩子會挑戰規範乃人類本能所致，是很正常且自然的事。

蒙特梭利
觀點

孩子違反規範時，先用「溫和但堅定」的語氣提醒孩子

——提醒兩次後就不要再提醒，責罵、威脅和恐嚇只會挑釁孩子情緒

某天早上，我們一家三口正在家裡吃早餐。吃到一半的時候門鈴響起，來了兩位訪客，是一位年輕媽媽帶著孩子來我們家玩。因為羽辰（我兒子）還沒吃完早餐，所以媽媽就告訴他要吃完才可以過去玩。這是蒙特梭利教育的做法：一件事情做完，再做一件事（one thing at a time）。

當時我兒子2歲半，正值自我認同危機期，常常都有「叛逆」的傾向。所以當媽媽提醒他要吃完早餐才可以玩時，他就作怪了，開始邊吃早餐、邊翹椅子。媽媽看到他翹椅子，就用「溫和但堅定」的語氣提醒羽辰：「羽辰，你的椅子翹起來了，我們不翹椅子喔。」羽辰聽到媽媽提醒後把椅

腳放下來，但不到10秒又再翹椅子，臉上露出一絲「故意」的表情。

媽媽再度提醒他：「羽辰，請你不要再翹椅子囉，這樣是不尊重椅子的，請你好好坐。」羽辰又把椅腳放下來，但不到10秒又再翹椅子。

注意事項

同樣的提醒不要說第三次

❶ 當提醒兩次之後都無效，就不要再提醒了。

❷ 這時要沉得住氣，不要生氣說：「你為什麼每次都講不聽呢？」「我不是叫你不要再翹椅子嗎？」「我警告你不要再翹椅子囉！」「你再翹椅子我就生氣囉！」……這些無意義的話。

❸ 這些責罵、威脅和恐嚇只會挑釁孩子情緒，但不會有教育效果。就算他因為怕你生氣而聽話不再翹，他也不會學到什麼。

蒙特梭利**觀點**

給孩子兩個選擇：「正確的選擇&有好的結果」or「不正確的選擇&有不好的結果」——若孩子選擇繼續做不對的事，大人要「允許孩子犯錯」

看到羽辰被提醒兩次還繼續翹椅子，我就給他「兩個選擇」。我用溫和但堅定的態度，看著他說：「羽辰，你要不翹椅子繼續吃早餐，還是要繼續翹椅子，沒有椅子坐？」

注意事項

不要用威脅、恐嚇的語言讓孩子屈服

❶給予兩個選擇的時候態度要「溫和但堅定」，不要用憤怒的語氣。

❷不要用「你再翹椅子我就把你的椅子收起來囉！」這種威脅、恐嚇的語言。雖然這種話可能會讓孩子屈服在你的威權下聽你的話，但他也不會因此有任何學習。

❸注意「兩個選擇」的用詞，不要說出「你要繼續翹椅子，沒有椅子坐；還是你要站著吃？」這種結果一樣的兩個選擇！

❹平常我們就要多模擬演練「兩個選擇」，到實戰時才不會講錯。

我給予羽辰「兩個選擇」後，他彷彿在思考要如何選擇……然後，他竟然看著我對我說：「要繼續翹！」眼看他表達著十分堅定的立場，我仍然以溫和但堅定的語氣、邊點頭邊對他說：「你可以試試看。」

注意事項

允許孩子犯錯，孩子才能從錯誤學習正確

❶若孩子說他要繼續做不對的事，大人記得要沉得住氣、並以上述方式讓他知道：他是可以嘗試的。如果孩子耍賴不選擇、或說出其他的選擇，大人就替他選「不正確的選擇」，讓他經驗不好的結果。

❷「允許孩子犯錯」是教育上很重要的觀念：唯有讓孩子做錯誤選擇、並經驗到錯誤

選擇的結果，他才會有所學習，下次同樣的事情他才有過往經驗作參考，幫助他做出正確選擇。

❸ 孩子是從「錯誤」中學習如何「正確」的；如果光用講的就會聽話，這個世界早就太平了。

蒙特梭利觀點

孩子挑戰規範時，讓他體驗選擇後的結果

——孩子會挑戰規範是本能，不需要解讀為「不聽話」或「不孝順」

在接下來的一分鐘，羽辰沒有繼續翹椅子；但一分鐘後，他的椅子又再次微微翹起來，然後放下來。一會兒他的椅腳又再翹起來，然後又放下來。

我假裝沒看到，但其實我正深入地觀察他這「行為背後的動機」：他到底是「忘記」還是「故意」？過了一陣子他的椅腳又翹得更高、更久了；雖然他還在淡定地吃著早餐，但從他眼神已觀察出，他正在挑戰規範。

很多人在這時候，都會用生氣的方式來逼使孩子屈服。但真的只能這樣嗎？答案是不需要的。

注意事項

孩子挑戰規範是本能，不是「不乖」

❶ 孩子與生俱來就有著探索環境、適應環境、挑戰環境，與征服環境等人類傾向（Human Tendency）；人類之所以為萬物之靈，是因為我們擁有這種潛能。這種能力沒有好與壞，端看我們怎麼應用它。所以教育的本質並不在壓抑這些潛能，而是在幫助孩子學習把這些潛力用在正確的發展方向上。

❷ 由此可知，孩子會挑戰規範乃人類本能所致，是很正常且自然的事，從來沒有孩子天生就愛被規範。

❸ 所以，不需要把孩子挑戰規範解讀為「不聽話」或「不孝順」的行為，這只會讓我們落入「孩子不聽話，我就要處罰」的誤區。

❹ 我常在講座跟家長和老師們說，孩子會反抗、會不聽話是很正常的，但這不是因為他們「壞」，只是因為他們還沒有真正瞭解什麼是「好」而已。

於是，我用叉子叉了一塊蘋果並笑著跟羽辰說：「羽辰請過來，這塊蘋果爸爸給你吃。」羽辰聽到後高興地從椅子站起來，走到我身邊接過叉子。正當他站在我旁邊吃著蘋果時，我緩緩地起身站起來，走到他椅子旁邊將椅子雙手拿起，再把椅子拿到房間裡面放下，出來時順便把門關上，然後回到羽辰旁邊坐下來繼續吃早餐。從頭到尾動作一氣呵成，臉上始終保持微笑。

在整個過程裡，我沒有講任何多餘的話，媽媽也沒有說話。

蒙特梭利
觀點

孩子體驗後果的過程時，大人不要展現任何情緒
——大人們的氣話與情緒，只會模糊孩子學習的焦點，讓他記不住行為的因果關係

我們倆繼續吃早餐，而羽辰則是站在我旁邊呆住了，臉上露出驚訝的表情。大概是因為看到他的椅子突然「不見了」，內心秩序感有點混亂。

於是，羽辰跟媽媽說：「椅子不見了……」媽媽微笑、溫柔地回答：「對。」

過一陣子，羽辰又跟媽媽說：「媽咪，椅子不見了……」媽媽再溫柔地回答：「對。」

羽辰楞了一下，眼看沒戲唱了，只好繼續站著吃他手上的蘋果……

到此，勝負已定。

旁邊的年輕媽媽看到整個過程，不禁笑著讚嘆道：「哇！你們做教育的人心臟真的要夠大！」（意思是能忍人所不能忍，沉得住氣）

注意事項

不要用情緒化的方式給予孩子選擇後的結果

❶ 不要說：「你又翹椅子了，起來！我要把你的椅子收走！」這種挑釁的話，因為這樣只會讓孩子回應「不要！」並製造更多不必要的對立，讓事情更難處理。

❷ 在給予孩子選擇後的結果時（在此是「因為繼續翹椅子，所以沒有椅子坐」），成人注

意不要用情緒化的方式。在過程裡面我沒有說任何氣話，也沒有展現任何情緒。唯有這樣，我們才能給予孩子最真實的因果經驗。

❸當我們有情緒時，孩子往往只會記得我們的情緒，而不是這件事的因果經驗。所以我們的生氣，往往會模糊了孩子學習的焦點。

從那次以後，只要羽辰坐著翹椅子我們提醒他時，他就會接受提醒不再翹；這是因為他經驗過選擇後的結果，所以學會了做正確選擇。現在事隔一年多，他已經不會再翹椅子了。

Q

為什麼我家的孩子「兩個選擇」沒用？

有一位家長反映：「我有時候在公車或火車上，使用兩個選擇：『你要好好地坐在位置上到阿公家？還是繼續踢椅子，我帶你到車廂外？』結果……沒用，到車廂外孩子覺得很新奇……有時想直接帶下車，帶著三個娃兒的娘，很怕麻煩要再等更久的車。在公車或火車上到底可以怎麼說呀?!」

A

「沒有做正確選擇的結果」必須是孩子在意（他不希望有或不喜歡）的後果，「兩個選擇」才會有效果。

這位媽媽的「兩個選擇」沒用，理由很簡單，因為**「沒有做正確選擇的結果」必須是孩子在意（他不希望有或不喜歡）的後果，「兩個選擇」才會有效果。**

我兒子以前坐車時也曾一直踢前面椅子，羽辰媽媽提醒無效後會跟他說：「你要不繼續踢媽媽覺得你有進步，還是要繼續踢媽媽把你的鞋子脫掉？」然後羽辰就會不再踢了。（因為他不喜歡鞋子被脫下來）

不正確的選擇的結果可以是當下的結果，也可以是稍後的結果（但不要是明天），但不能是一個他根本不在意的結果。

透過「兩個選擇」，我們可以給予孩子「經驗選擇後的結果」，慢慢他就會學習做出正確的選擇，行為就會改善了，因為「經驗是孩子最好的老師」，讓孩子經驗選擇後的結果（而且是沒得做他在意的事情），他才會有真正的學習。

Q 若孩子選的不是正確選擇呢？（續上一題）

A 家長就要說話算話，讓他經驗選擇後的結果。若再繼續不當行為，我們就再給予另一個「兩個選擇」。

這問題要分兩個層面回答：

❶ **實際層面**：若孩子選擇不正確的選擇，可能是他好奇心所使，我們就要說話算話，讓他脫掉，經驗選擇後的結果。若他再繼續踢，我們就再給予另一個「兩個選擇」。

請注意我前面有強調：**要給他一個他不喜歡、不希望有的結果，「兩個選擇」才會有效**。這種情形，很顯然是孩子不太在意鞋子有沒有被脫掉，所以才會無效。

我面對過的孩子（不論是羽辰或其他孩子）都不曾這樣；我想作為成人我們都應該對孩子有某種程度上的瞭解，知道他喜歡、不喜歡什麼。這種對孩子的瞭解，是透過觀察孩子而來的。同時，這也意味著當我們給予規範時所代表的權威，會讓孩子做出正確的選擇。

所以會有這種情形可能是：(a)他的好奇心所使；(b)他不在意你給予的結果；(c)他不認為你有任何權威。

❷ **心理層面**：但若孩子不喜歡鞋子被脫掉，仍跟大人故意對立，那問題通常在成人身上。成人要省思：為什麼孩子會持續跟我們挑釁？可能成人時常給予規範時態度或方法有問題，慢慢才會演變成這樣，**本書中詳細說明成人可以如何檢視自己在給予規範時，要注意些什麼問題。只要有心，一定可以改善，一定可以找到答案。**

Q 萬一說出「落井下石」的話，孩子會有什麼反應？

某次，在我分享完「兩個選擇」後，有個家長舉手發問：「老師，我想知道孩子做出錯誤的選擇，經歷他不喜歡的結果，家長此時若說出『落井下石』的話，像是：『被罵了吧？就叫你不要吵』『剛剛我就說過了，誰叫你不聽話』之類的，孩子會有什麼反應？」

A 將心比心，這種話只會讓孩子不舒服，不會有正面效果。

這些話只是我們大人常愛跟孩子說的「風涼話」而已。對孩子有什麼影響？將心比心，這種話只會讓孩子感到不舒服，孩子做錯事情我們這樣講，不會有什麼正面效果。

孩子會有所學習，是因為有「經驗選擇後的結果」，而不是因為大人落井下石的話所以學會些什麼。

我常說：「如果透過羞辱可以讓一個人變得更好，那我們是不是就要全力羞辱孩子讓他進步呢？如果不是，這不就讓我們在教育上走錯方向了？我們不應該用這個方法。」

如果我們省思這些話語背後的動機，就會發現其實是出自我們傲慢、對立與嘲諷的心態而說的，這樣只會降低我們成人在教育上該有的高度。既然是「損人又不利己」的事，那不如少說，對不對？

孩子犯錯時

提醒四步驟+兩個選擇 SOP

確立原則

↓

事前約定

↓

孩子犯錯時

提醒4步驟
（態度溫和但堅定）

Step 1
敘述
你看到的行為
（客觀、
不用責備語氣：
我看到你
＿＿＿＿＿＿。）

→

Step 2
告知孩子
為什麼不要
這樣
（提醒孩子，
一個重點就夠
了。）

→

Step 3
告知／示範
正確的方式
（示範後說：我
可以相信你會
＿＿＿＿＿＿
嗎？）

→

Step 4
當下
給予肯定
（態度要真誠、
肯定。）

提醒兩次但無效後……

兩個選擇

A 選項
正確的選擇&
有好的結果

↓

選A，改正錯誤行為

B 選項
不正確的選擇有不好結果
（孩子不喜歡或不希望的結果）

↓

選B，經驗後果，
真正內化規範。

CHAPTER 3

同理但不處理&秋後算帳

淡定面對孩子的情緒問題

孩子每次鬧脾氣時，
大人好說歹說都不聽，
反而變本加厲，最後惹得
我也生氣了……
孩子情緒不穩定的時候，
爸媽再多的解釋和說明
只會挑釁他的情緒！
家長
羅老師

孩子不高興就大聲哭鬧，怎麼勸都沒辦法？

同理但不處理，陪孩子度過情緒高峰

孩子出現情緒當下不要講道理，成人沒有持續挑釁孩子情緒時，通常孩子情緒維持在最高點不會超過15分鐘，會慢慢緩和下來。

CASE 4

孩子喜歡動手打人

在我3～6歲蒙特梭利教室裡，有一天來了一位3歲左右的新生——品鈞，很快我就發現他有打人的壞習慣。在他入學不到第三天，就幾乎把班上所有小朋友都打過了。詢問家長之下，才知道原來家裡大人有常給他看〈鹹蛋超人〉的習慣。所以我想：大概他是把自己當成超人、其他人都當作怪獸吧，所以才會「打遍天下無敵手」。於是，我慎重地提醒家長不要再給他看這種有暴力成分的節目。

隔天早上當品鈞來到教室的時候，我先向他說明：「品鈞，我們在教室是不動手打人的，你知道嗎？」品鈞看著我說：「知道。」（**※確立原則**）

我繼續說：「如果你今天可以控制好自己早上都沒有打人，那工作時間結束後，我們就可以去公園玩；但是如果你早上有打人，那等大家去公園的時候，你就要留在教室裡了。知道了嗎？」品鈞看著我說：「知道。」（※事前約定）

然而，他早上還是動手打人。在打人後，我請他到我身邊並問他：「你知道你剛才沒有遵守約定，又打人了嗎？」他說：「……知道。」

我說：「那你要控制好自己不打人，等一下可以去公園玩；還是你要繼續動手，等一下沒得去公園玩？」（※兩個選擇）

他說：「要去公園。」

我說：「好，那我可以相信你會遵守約定控制好自己嗎？」（※提醒四步驟3）

他說：「可以！」於是，我繼續讓他去工作。

結果不到半小時，又有小朋友來告狀說品鈞打人了！為了不讓他再傷害其他人，我開始把他帶在我身邊工作，但我並沒有責備他。

在早上工作與團體討論時間結束、大家到門口準備穿戶外鞋到公園玩的時候，我對品鈞說：「對不起品鈞，你今天早上動手打人，所以要被留在教室裡了。」（※讓孩子經驗選擇後的結果）

他聽到後大叫：「不要！」

我用溫和但堅定的眼神看著他說：「我知道你很想去，但是沒辦法。」

他知道我是來真的，就開始生氣、大叫哭著說：「我要去！我就是要！」這時候，孩子開始陸陸續續穿好鞋子離開學校了。

我用同理的眼神看著他，說：「你想要去公園是嗎？」他邊哭邊說：「是！」我說：「好，那品鈞請你跟我過來。」**（※同理但不處理）**

我帶著他跟我一起走進教室，他邊哭邊跟著我。

我開始整理教室，並說：「品鈞，請你過來幫忙好嗎？教室要準備等一下的午餐時間了。」

（※不坐以待斃）

他還是哭著說：「嗚……可是我想要去公園——」

我說：「你想去公園是嗎？」他邊哭邊說：「是！」**（※同理但不處理）**

我說：「我知道喔……好……那請你幫我把這邊的椅子搬到那邊好嗎？」他邊搬著椅子邊哭著說：「嗚……可是我想要去公園——」

我說：「是，我知道喔……來……請你把……」**（※同理但不處理）**

我繼續做我該做的事，並且邀請品鈞一起做，分散他的注意力。

在沒有其他因素挑釁他的情緒下，大概過了15分鐘，他的情緒就緩和下來沒再哭了，跟著我一起整理教室。雖然他還是一直碎碎唸著：「老師，可是我想要去公園。」可是我都是以相同的態度回應他：同理但不處理。

又過了10分鐘左右，去公園玩的孩子回來了。我對品鈞說：「品鈞，你想去公園玩是嗎？」

品鈞看著我說：「是！」我說：「那你明天可以遵守約定不動手打人嗎？」品鈞也說：「可以！」**（※相信孩子，讓孩子願意遵守規定）**

我說：「很好！那洗手去吃飯吧！」**（※當下給予肯定）**

他沒有再吵鬧，跟著其他小朋友去洗手了。為什麼呢？因為他已經瞭解對我用哭的、用耍賴的是沒有用的。更重要的是，隔天開始他就真的沒有再打人了！

蒙特梭利觀點

用柔軟、開放態度接納孩子的情緒，當下不做「處理孩子情緒」的事

當給予孩子規範、孩子出現情緒時，我最常使用的就是「同理但不處理」的方式。「同理」，意思是我們用柔軟、開放的態度，來接納孩子的情緒；這樣孩子在情緒高漲的時候所釋放出來的負面能量會被我們所吸收，他會比較容易緩和下來。

「不處理」，代表在當下我們不做「處理孩子情緒」的事；例如跟他講道理。孩子情緒高漲時跟他說什麼都沒用，但很多家長這時候就會不由自主地一直跟孩子講道理，結果越講越生氣，最後改用罵的打的。

注意上述例子還有一個關鍵：「**不要坐以待斃**」。一直在同一個位置讓孩子耍賴，最後我們都會受不了，所以在這種情形我會慢慢地「走來走去」，例如整理環境、做些事來緩和緊張的氣氛。**注意邊做事情的時候不要對孩子「冷漠」，要持續以「同理」的態度來對待孩子。**

正所謂「一個巴掌打不響」，**在成人沒有持續挑釁孩子情緒時，通常孩子情緒維持在最高點不會超過15分鐘，會慢慢緩和下來。**這時候，就可以跟他一起做別的事情了。離開現場或換個情境做別的事，是最好的選擇。

蒙特梭利
觀點

給予「兩個選擇」後卻仍失敗的3個教養地雷

根據我回答過很多家長問題的統計，發現大多數父母在給予「兩個選擇」後教育仍然失敗是因為當孩子鬧情緒時，爸媽誤踩了這三個地雷：

〔地雷1〕沒有「同理」而用「對立」

一直讓孩子情緒高漲，結果父母受不了只好用打罵的。

〔地雷2〕當下急於處理孩子的情緒

父母解釋一堆孩子還是繼續大哭，最後父母受不了只好用責備的。**孩子是需要學習如何處理自己情緒的；如果我們給予孩子空間，他會慢慢學習到。**但如果我們都認為他還小不會處理自己的情緒，當然他也不會學習到。這也是我們「把孩子看太小」的問題。

〔地雷3〕有「不處理」但沒有「同理」，**而是用冷漠的態度對待**

這樣反而會讓孩子覺得不被重視不被愛而更情緒化，最後父母被鬧到受不了只好用打用罵的來制止他。

所以在「同理但不處理」的時候，配合「不要坐以待斃」及「分散孩子注意力」，我們就能平安度過孩子被規範時合理宣洩情緒的過渡期了。

那大人應該何時和孩子討論他犯的錯呢？

秋後算帳，正確對待孩子的錯誤

天下沒有不會犯錯的孩子，很多時候我們也必須經驗錯誤才會有所學習。透過事後跟孩子討論，可以培養孩子以正面的態度對待錯誤。

我的恩師——台灣蒙特梭利界權威吳玥玢老師曾經跟我說過：孩子被提醒規範後出現反彈、情緒化時，當下不要跟他說道理，要「秋後算帳」。

蒙特梭利 **觀點**

何謂「秋後算帳」？

——事後找適合的時間、空間，再跟孩子討論，以正面態度對待錯誤

「秋後算帳」的意思是在事後找到適合的時間點、空間點，再跟孩子討論；而不是在孩子犯錯當下就對他「曉以大義」；因為陷在情緒裡時，不論孩子或成人，其實都很難聽進大道理，尤其是當自己犯錯的時候。所以，「不要跟不講理的人講道理」。

「秋後算帳」不是大人在事件之後找時間跟孩子「以牙還牙」、「有仇報仇」的手段，千萬不能誤解。天下沒有不會犯錯的孩子，很多時候我們也必須經驗錯誤才會有所學習。透過事後跟孩子討論，我們不但可以跟孩子檢討錯誤是什麼、有什麼值得學習、下次可以有什麼更好的做法，還可以培養孩子以正面的態度對待錯誤。

在孩子情緒過了高峰、恢復穩定之後，可以選擇午睡前、或晚上睡覺前孩子心靈比較放鬆、沉澱的時候，並且在一個安靜、不被打擾、允許彼此坦誠對話的空間進行。

注意事項

秋後算帳的目的≠數落孩子的不是

成人必須注意：我們的目標並不是要在秋後算帳時「數落孩子的不是」，而是——

❶ 以尊重、客觀、不對立的方式討論今天發生的事件。（也可以利用布偶表演的方式，演繹出今天孩子發生的事情。）

❷ 從事件中孩子的選擇與結果，討論「下次正確的選擇／更好的做法是什麼」，加強孩子的正確觀念，讓孩子知道下次要「如何做出正確的選擇」。

❸ 在討論中重申「兩個選擇」，讓他知道再做不正確選擇會有的結果。

❹ 若家裡有宗教、祈禱的文化，可以帶入一段簡易、溫馨的祈禱／懺悔儀式，淨化孩子心靈。

❺ 最後，必須以「我相信你下次會進步的」「我愛你！」來個大團圓抱抱結局。

CASE 5

孩子不小心讓其他小孩受傷怎麼辦？

有一天傍晚，羽辰到隔壁鄰居家玩，但做了一些傷害別人的事。一個1歲多的孩子正在騎跳跳馬的時候，他突然過去拉跳跳馬令小孩跌倒。當時羽辰媽媽和我都不在現場，所以沒有當下處理這件事情。回家後，我和媽媽問他為什麼要拉跳跳馬讓弟弟跌倒。因為我們用的是心平氣和、討論的語氣，於是他就誠實說出原因：因為他也想要玩跳跳馬。**（※重點1：以尊重、客觀、不對立的方式討論今天發生的事件。）**

問完之後，我就用布偶的方式演繹整個故事（剛好我家有一個布偶小馬、還有幾個小娃娃可以用來表演）。以前我在幼兒園帶班的時候，針對孩子行為問題也常用布偶的方式，把故事還原演繹出來後再跟孩子們討論。在演繹過程中，羽辰也看到自己不正確的地方在哪裡了，瞭解應該要用更好的方式而不是動手。我們也利用布偶一起演練一、兩次正確的方式應該是如何，要用說的而不是動手的。**（※重點2：討論「下次更好的做法是什麼」。）**

同時我們約定：「以後跟別人玩的時候，要記住不可以動手。如果遵守約定，你就可以跟朋友玩得很高興；但如果再有這樣的情形，爸爸媽媽會馬上把你帶回家沒辦法再繼續玩知道了嗎？」羽辰：「知道了。」**（※重點3：重申「兩個選擇」。）**

結束之後，我把羽辰帶到二樓我和媽媽平常靜坐、祈禱的地方坐了下來。這邊整個空間的氛圍，十分寧靜、溫暖與祥和……

我以柔軟、緩慢的語氣對羽辰說：「羽辰，你剛才做了傷害別人的事，爸爸媽媽很傷心，上天也會很傷心的。來，爸爸教你怎麼祈禱喔。請你跟著我唸……」於是我們合著掌，一起我一句、他一句地唸著：「我今天傷害翔翔了。我不應該這樣的。請上天原諒我。給我力量。幫助我下次不要再這樣。」唸著唸著，羽辰開始眼眶紅紅、哽咽起來了……

我們繼續唸：「求上天幫助我。讓我成為一個更好的孩子。會保護別人。也會愛別人。」唸完的時候，我看到羽辰已經流著眼淚。**（※重點4：帶入一段簡易、溫馨的祈禱／懺悔儀式，淨化孩子心靈。）**

我對羽辰說：「羽辰，我們做錯事的時候，心裡面會不舒服。現在我們用祈禱的方式，把心裡面的不舒服說出來了，有沒有比較舒服？」

羽辰小小聲說：「有……」

我說：「所以，你以後做錯事也要自己祈禱喔。」

羽辰小小聲地回答：「好……」

看到羽辰沒什麼表情，我問羽辰：「你還是覺得有點傷心是嗎？」

羽辰還是小小聲地說：「是……」

於是，我抱著羽辰、拍拍他說：「沒關係，下次不要再這樣就好了，知道嗎？爸爸愛你。」**（※重點5：大團圓抱抱結局。）**然後，我們就手牽手下樓梯回到一樓，繼續玩火車。

晚上睡覺時，因為媽媽還在洗澡，所以我先陪著他上床睡覺。在他朦朦朧朧快睡著前，突然聽到他自言自語地小小聲說：「沒關係……下次不要再這樣就好了……」然後，就睡著了。

我聽到他這句話，當下很震撼、繼而感動，覺得很欣慰。

蒙特梭利**觀點**

用包容對待孩子的錯誤，他就能以正面態度面對自己和別人的錯誤

我常跟老師家長分享：「**我們從小對孩子所說的話，長大後會成為孩子內心跟自己說的話。**如果我們從小對待孩子的錯誤都是以嚴厲、責備、怒罵的方式，孩子長大以後就會成為一個容易自責的人。這種人對自己親密的人或年幼的孩子，都很容易把內心的憤怒投射到他們身上，造成對方的傷害。所以，**做為父母或教育工作者，我們必須要注意自己對待孩子犯錯時的態度，不要把上一代留給我們的遺憾，繼續傳承到下一代的孩子身上。**

「相反的，如果我們能用包容、接納的方式來對待孩子的錯誤，孩子以後也就能用正面的態度面對自己的錯誤、別人的錯誤。孩子未來的世界，也就會因此而變得更美好。」

在事發當下跟孩子討論、責備孩子，是沒有太大教育效果的。「秋後算帳」提供了一套完整的方法，讓孩子從錯誤中學習，也藉由錯誤讓我們與孩子更貼近。

我自己以前就是一個很容易自責的人，所以很瞭解這方面的痛苦。但今天在我孩子身上，我看到因為我們用正確的方式對待孩子的錯誤，所以我兒子以後的個性，將會跟我有決定性的差異——他不會像他父親那樣有自責、罵自己、打自己的性格。

培養孩子「以錯誤為友」是教育很重要的一環，我們會在往後的章節再談到這個觀念。

老師！我有疑問！

家長提問 Q&A

Q 要孩子懺悔，不會加深孩子的罪惡感嗎？

某次親職教育分享會上，我分享了「秋後算帳」的重點與做法之後，有位家長提問：「羅老師，你提到的重點4『帶入一段簡易、溫馨的祈禱／懺悔儀式，淨化孩子心靈。』我不是很懂；孩子犯錯真的不是故意的、也無知，所以你前面做的讓他理解這段我很認同，但後面他要懺悔什麼呢？這樣不會加深小孩的罪惡感跟內疚嗎？」

A 這一點要看成人如何引導。藉由祈禱儀式引導孩子面對自己的過錯，學習更多的包容與同理。

關於這位家長提到的「這樣不會加深小孩的罪惡感跟內疚嗎？」——我認為要看成人怎麼引導。羽辰已經快4歲了，其實他已經具備了很多是非對錯的觀念；他不是「不知道」，只是「控制不了」，而且「還沒內化正確的方式」，所以「衝動」會比「理智」強。我常跟家長說：孩子做錯事，不是因為他「壞」，而是因為他還沒有學會怎麼「好」。

覺得自己犯錯會內疚（feel sorry）、會不好意思是一件好事，正所謂「知恥近乎勇」。但要怎麼處理內心脆弱（vulnerable）的部分、如何坦誠地去面對，這需要我們成人來引導。

成人必須以正面的態度來看待犯錯。我們要有清楚的認知：孩子犯錯是好的，因為透過

「錯」，他才會學習到「對」。所以能否幫助孩子在犯錯後面對自己，關鍵在我們。

同時，藉由祈禱的儀式我們引導孩子面對自己的過錯，讓孩子說出來。在尋求更高層次的力量（higher authority）寬恕我們的同時，我們也寬恕了自己，並從過程中體驗到更多的愛與柔軟，學習到更多的包容與同理。

我認為這是很善巧（善意巧妙，不會造成傷害的手段）的方式，也是從小讓孩子接觸宗教的好處。

孩子出現情緒時

同理但不處理+秋後算帳 SOP

兩個選擇，孩子選錯誤選項，經驗後果，出現情緒反應……

情緒中

同理但不處理

Point 1 柔軟開放的態度，接納孩子情緒

Point 2 不處理孩子的情緒

Point 3 不冷漠、不對立、不解釋

Point 4 不坐以待斃

15分鐘後孩子情緒高峰漸漸趨緩

事後

秋後算帳

（午睡前、晚上睡前，在安靜空間）

Step 1 尊重、客觀、不對立的討論方式

Step 2 討論更好的做法

Step 3 重申兩個選擇

Step 4 若有宗教信仰，祈禱、懺悔

Step 5 團圓大結局（「我相信你會進步」「我愛你」）

PART
2

實踐篇：教養從讀懂孩子開始！

方法對了、訣竅對了！教孩子學規矩一點也不難！

8～10個月孩子為何老愛丟東西？
1～1.5歲孩子想玩易碎品該如何處理？
1.5～3歲時為何會在商店／百貨公司亂拿東西？
3～6歲做錯事就說是「媽媽害的」、「爸爸害的」?!
孩子的問題怎麼這麼多啊?!

各位爸爸媽媽別擔心，羅老師會一一幫你解決！
接下來的教養實踐篇將為你解說0～12歲孩子的生心理特色，
從具體的案例拆解「自由與紀律教養」的實踐步驟，
淡定面對孩子的情緒勒索，不用對立也能教出自律的孩子！

孩子學習紀律的5大階段

階段1

0～1.5歲：不瞭解規範，任由成人擺佈。

階段2

1.5～3歲：「自我認同危機期」開始，不瞭解規範，但開始不願意任由成人擺佈，什麼都說「不要」。

階段3

1.5～3歲：「自我認同危機期」進入高峰，開始瞭解規範，但仍然不願意任由成人擺佈，常會挑戰規範。

階段4

3～5歲：更瞭解規範，當被提醒時，逐漸願意配合，漸入佳境。

階段5

5歲以後：內化規範，不用被提醒也能自願配合，自律已形成。

CHAPTER 4

透視0～3 歲 幼兒心理發展，頭痛問題就能迎刃而解！

孩子不是跟你唱反調，只是自我認同危機作祟

0～3歲孩子先天的「內在衝動」大於後天習得的自我控制能力，
所以他們會常常「不能自已」，無法服從成人的指令。
這階段是培養孩子「自律」的重要預備時期，
若環境的規範建立在「尊重自己、尊重環境、尊重別人」的前提下，
孩子也將會瞭解到不同的選擇，會帶來什麼不同的結果。

羅老師

0~3歲

心理發展重點 & 問題行為

月・年齡	發展階段	身心發展特色與注意事項	可能被視為問題的行為・問題行為
8~10個月	手部髓鞘化	**身心發展特色** ●手部髓鞘化到達手掌及手指，抓握能力變好。 **注意事項** ●用方法解決孩子的內在需求。	●亂丟東西、看到東西就抓（P118）
10個月~3歲	發展動作、探索環境	**身心發展特色** ●此時孩子已能夠扶物站立、扶物行走，甚至能開始獨立走路；手部動作也更成熟，抓握能力越來越好；喜歡探索環境。 ●孩子主要透過感官來認識世界，他會利用感官來探索環境、適應環境，以及建構心智。在探索世界時，孩子會產生高度的專注，我們必須給予他自由，不要什麼事都不准孩子做。 **注意事項** ●允許孩子發展動作，能幫助他適應環境、發展智能。 ●事先跟孩子講清楚「遊戲規則」是什麼，並與孩子約定，讓孩子知道需要依循的規範準則是什麼。 ●孩子藉由探索環境瞭解環境規範與自己可以／不可以做什麼事情。	●亂拿東西（P.112） ●玩易碎品（P.128） ●在商店／百貨公司亂拿東西（P.156） ●在公共場合亂叫（P.160） ●在外面亂跑不想被大人牽手（P.169）

1.5~3歲		0~6歲
自我認同危機期	語言敏感期	味覺與嗅覺敏感期
身心發展特色 ●想確認「我」的存在與價值，尋求自我認同。當他想做一件事時如果被成人阻止，他會有強烈的反抗行為。 ●在日常生活上，他也開始會有意無意常跟成人說「不要」，來展現自己與成人的切割。 ●自我中心、控制力弱。 **注意事項** ●孩子常會為了反對而反對，大人不要覺得他是「故意」的。 ●到了3歲當孩子說出「我」時，代表自我已獲得統整。	**身心發展特色** ●這階段學習說話並建構語言中樞。 **注意事項** ●成人要給予孩子豐富的語言環境，多跟孩子以「正確詞彙」與「完整句子」對話。 ●不要使用「兒語」。	**身心發展特色** ●味覺與嗅覺普遍比成人敏銳許多。 **注意事項** ●可讓孩子多嘗試各種味道。
●怎麼講都講不聽，對大人說「不要！」（P.135） ●事情做不好發脾氣，但是不要大人幫忙（P.152） ●孩子愛推別人、搶別人玩具（P.164） ●不跟長輩打招呼（P.177）	●快2歲還不太會講話（P.148）	●不愛吃青菜、挑食（P.178）

0～3歲孩子的發展特點與內在需求

正確面對「自我認同危機期」，培養自律習慣的基礎

人類每一個發展階段都是蛻變或再生的過程，其道理與毛毛蟲蛻變為蝴蝶一樣；雖是同樣的生命，但毛毛蟲的形態、習慣及生存條件，與蛻變後的蝴蝶完全不一樣。父母不應該以成人的角度，去看待孩子的行為。

人類的發展並非是一直線的（linear）；在不同時期、會有不同的變化。好比毛毛蟲蛻變成蝴蝶，孩子每一個發展階段的蛻變不單在生理上有改變，在心理上亦然。蒙特梭利博士將人類的發展分為四個階段（Four Planes of Development）：

❶ 嬰幼兒期（0～6歲）
❷ 兒童期（6～12歲）
❸ 青少年時期（12～18歲）
❹ 成熟期（18～24歲）

不同發展階段裡面，有著不同的特性與需求，需要不同的環境與引導方式來幫助個體發展。每個階段的需求都需要被滿足，下一個階段的發展才會有良好的基礎持續發展。

蒙特梭利
觀點

0～6歲是孩子建構人格、發展智能的黃金成長期

蒙特梭利博士認為，人類每一個發展階段都是一種蛻變（transformation）或再生（reborn）的過程。因此，成人不應該將兒童視為「大人的縮小版」，因為孩子必須經過許多次的蛻變才能轉為成人，其道理與毛毛蟲蛻變為蝴蝶一樣；雖然是同樣的生命，但毛毛蟲的形態、習慣及生存條件，與蛻變後的蝴蝶完全不一樣。因此，**父母不應該以成人的角度，去看待孩子的行為**。

前一個階段與後一個階段，不僅是「量」的改變（例如身高、體重等），同時也是「質」的改變（心智的轉變）。

0～6歲是孩子建構人格最重要的前六年，生、心理發展是所有階段中變化最大的，孩子會吸收環境一切資訊，建構自己的人格。在良好自由與紀律的環境裡，孩子學習紀律的過程如下：

❶ **0～1.5歲：不瞭解規範，任由成人擺佈。**

❷ **1.5～3歲：「自我認同危機期」開始，不瞭解規範，但開始不願意任由成人擺佈，什麼都說「不要」。**

❸ **1.5～3歲：「自我認同危機期」進入高峰，開始瞭解規範，但仍然不願意任由成人擺佈，**

常會挑戰規範。

❹ 3～5歲：更瞭解規範，當被提醒時，逐漸願意配合，漸入佳境。

❺ 5歲以後：內化規範，不用被提醒，也能自願配合，自律已形成。

蒙特梭利**觀點**

0～3歲孩子的生理和心理正面臨了繁複的變化與快速成長

——處於吸收性心智期的孩子就像一塊海綿，你給他什麼就吸收什麼

．生理方面——大腦與動作的快速發展期

❶ 孩子從剛出生的軟弱無助，到3歲時能跳能動，中間產生了極繁複的成長與變化。

❷ 會長乳牙、斷奶、學會獨立進食。

❸ 坐起來、開始爬行、學習走路等。

❹ 會習得大量動作。

❺ 大腦快速地成長。

❻ 身體比較脆弱、常生病，需要接種疫苗。

．心理方面——自我認同危機期是孩子發展自我、邁向獨立的重要過渡期

❶ **吸收性心智期**：蒙特梭利博士發現0～6歲的孩子擁有著一種能吸收環境所有資訊，幫助自身適應環境與建構人格的特殊心智；她將此心智命名為「吸收性心智」（The Absorbent

Mind）。在吸收性心智期，孩子經驗到的所有感官印象（sensorial impressions），都會被他毫無揀擇、毫無分辨、不費力氣地全盤吸收。所以，如果我們希望孩子有良好的發展，必須注意環境給予了孩子什麼薰陶，成人給予了什麼示範。

❷ **感官敏感期**：0～6歲的孩子主要透過感官來認識世界；蒙特梭利博士稱這階段的孩子為「感官探索者／學習者」（sensorial explorer / learner），他會利用感官來探索環境、適應環境，以及建構心智。在探索世界時，孩子會產生高度的專注，我們必須給予他自由，不要什麼事都不准孩子做、常常把孩子放到嬰兒床、推車裡面，妨礙孩子的發展。

❸ **語言敏感期**：這階段學習說話並建構語言中樞；因此成人要給予孩子豐富的語言環境，多跟孩子以「正確詞彙」與「完整句子」對話，不要有過多的「兒語」。

❹ **秩序敏感期**：孩子會吸收外在秩序，建立內在秩序；秩序感關係到孩子安全感、信任感與心智發展，故環境中的秩序（包括環境佈置、物品擺設、作息時間等）要有一致性，不要常常變來變去。

❺ **動作敏感期**：0～3歲是動作獲取期（acquisition period）；我們可以透過讓孩子參與日常生活「照顧自己、照顧環境」的各種事情，幫助孩子動作發展。**孩子在這階段會很想要做我們做的事**，例如當孩子看到我們在掃地，他也會想要參與。我們可以預備一根小掃把給他，示範給他看怎麼使用，然後讓他自己練習。**允許孩子發展動作，也能幫助他適應環境、發展智能**。

❻ **孩子會吸收環境一切來建構自己人格**；孩子在這時期會模仿、吸收我們成人的行為，因此

成人的身教是很重要的。

7. **0~3歲是情緒發展的重要根基**；所以我們成人應以尊重、穩定的態度來對待孩子。

8. **0~3歲的孩子會較自我中心**，因為先天的內在衝動比後天的自我控制力強，所以孩子常有「不服從、不聽話」的現象；尤其當孩子進入1歲半~3歲的「自我認同危機期」（又稱為「叛逆期」），為了要建構自我認同，他會無意識地出現處處與成人做對、什麼都說「不要」的行為。

9. **專注的現象會在這階段就開始出現**：孩子一出生就具備能專注的能力，兩週大的嬰兒已能在清醒時專注地看著吊飾15~20分鐘。注意不要魯莽中斷孩子的專注，因為這樣不但會讓他產生很大的情緒反應，更可能會影響專注力發展。**如果孩子正在專注但我們又必須讓他中斷活動，我們就要事先讓孩子知道活動將要中止**；例如我們早上八點要帶孩子出門，而孩子又正在從事一些專注的活動時，我們可以提前15分鐘先告知，然後10分鐘前再提醒一次，5分鐘前又再提醒一次，給孩子足夠的心理準備。

蒙特梭利
觀點

孩子沒有主動要求，成人不給予不必要協助，不打斷他的專注

為協助這個階段的孩子發展，成人應注意的事項如下：

- 任何不必要的協助，都會妨礙孩子獨立的發展。

- 在沒有立即危險下，允許孩子探索環境。
- 不要魯莽中斷孩子的專注。
- 在沒有不尊重自己、不尊重別人、不尊重環境下，給予孩子自由。
- 當孩子沒有主動要求，成人不給予不必要的協助。

家有0～3歲孩子，父母應具備的正確觀念

內在衝動驅使孩子無法服從指令，不是故意頑皮

蒙特梭利博士說：「孩子透過外在紀律，建構內在紀律。」
如果環境的規範是建立在「尊重自己、尊重環境與尊重別人」前提下，
孩子也將會將規範內化，成為懂得尊重自己、尊重環境與尊重別人的個體。

要幫助孩子生命發展，成人首先要瞭解孩子內在發展的需求是什麼，並根據這些需求來預備外在的環境。如此，環境才能回應孩子，幫助孩子發展趨向正常化。0～3歲是養成良好習慣的黃金期，這時我們若能順應著孩子內在發展指引（例如敏感期、吸收性心智、人類傾向等），很多發展也將能事半功倍。

例如，在動作敏感期，如果我們能滿足孩子發展動作的需求，孩子動作就會比較穩定、精練，較不會出現「一自由就亂跑、一拿到東西就亂丟」的情形。又例如在秩序敏感期時，若環境有回應到孩子對秩序的需求，以後他做事情也會比較有條有理、步驟分明。

蒙特梭利觀點

0～3歲是培養孩子「自律」的重要預備時期

——成人給予規範的方式正確，孩子會吸收正向經驗，瞭解不同選擇會帶來什麼不同結果

這階段也是培養孩子「自律」的重要預備時期，關鍵在於環境的成人對自由與紀律是否有正確的認知。蒙特梭利博士說：「孩子透過外在紀律，建構內在紀律。」（A child constructs his inner discipline through the outer discipline.）如果環境的規範是建立在「尊重自己、尊重環境與尊重別人」前提下，孩子也將會把這種規範內化，逐漸成為一個懂得尊重自己、尊重環境與尊重別人的個體。但如果環境的成人是用過度放縱、或過度限制的方式來對待孩子，就不會對孩子人格養成有正面幫助。

0～3歲的孩子如果從小在一個自由與紀律平衡（a good balance of freedom and discipline）的良好環境下長大，成人給予規範方式是正確的，他會在這環境裡吸收到很多正向經驗，同時瞭解到不同的選擇，會帶來什麼不同的結果。到了3歲以後當他被提醒規範時，就會逐漸懂得做出正確選擇，依循正確的規範。然後到大概5歲，孩子就會將外在的紀律（outer discipline）內化，形成內在紀律（inner discipline），成為一個「自律」的孩子。

所以，「自律」是孩子在良好的環境下，養成的良好習慣。

但是，**在0～3歲這階段，孩子先天的「內在衝動」遠大於他後天習得的自我控制能力意志力，所以他們會常常「不能自己」，無法服從成人的指令。**例如，有些東西你叫他不要拿，他可能

過一陣子又會過去拿；或者有些東西你叫他不要丟，但他拿在手上又會一直丟。這是由於：

❶ **孩子生、心理發展需求使然，這些行為必須要到孩子內在需求被滿足以後，才會停止；**

❷ **心理發展尚未成熟，就算知道不可以，也無法控制自己。**

蒙特梭利
觀點

堅持原則與規範，但允許孩子合理範圍的情緒釋放

那麼，面對0～3歲的孩子，給予規範時父母應該注意什麼呢？

- 成人規範必須明確、清楚。
- 規範必須有一致性（consistent）、有原則，不應變來變去，讓孩子無所適從。
- 父母與長輩不要放縱孩子，縱容孩子違反規範，尤其是在「自我認同危機期」，當孩子一直說「不要」、用各種方式（包括情緒）來挑戰規範的時候，不要因此而配合孩子，亂了自己對規範的拿捏。
- 若孩子沒有遵守約定，提醒兩次仍然無效，成人就要「付諸行動」——讓孩子「經驗選擇後的結果」。
- 當孩子被規範不能做某些事情時會釋放情緒，成人要能允許與容忍孩子合理範圍的情緒釋放。一般來講，在成人不持續挑釁孩子的情況下，通常孩子的情緒高峰會維持在10～15分鐘

左右，然後逐漸緩和下來。所以，不要因為害怕孩子哭鬧就捨棄規範討好孩子。

• 父母是孩子學習最重要的楷模，注意自己也要遵循環境規範。

給予0～3歲這階段孩子規範的原理、原則與方法，我們會在接下來的個案裡面一一看到。

8~10個月
問題行為

亂丟東西、看到東西就抓

發展階段 手部髓鞘化到達手掌及手指

解決方法 滿足孩子的動作發展需求

CASE 6

孩子老愛丟東西

可可媽媽：「女兒現在10個月大，這陣子都不聽話故意把東西甩地上。大人好心把它撿起來她又再丟，我給她『三次機會』她還是『明知故犯』，最後只好處罰她，讓女兒知道家裡誰才是老大……但孩子依然有丟東西的問題，請問我該怎麼辦？」

羅寶鴻老師：「孩子正處於『有意識釋放手中物品』的發展期，這是孩子在成長過程中，為了完美自身動作的必然階段性發展過程。」

蒙特梭利觀點

8～10月的孩子愛丟東西＝完美自身動作的必然階段性發展

孩子到了8～10個月大，手部的髓鞘化會逐漸到達手掌及手指，這會讓他能夠自主性地抓握與釋放手裡的物品。為了精練這動作，孩子在這段期間會出現常把各種物品拿起、然後丟在地上，再撿起來、再丟的現象；又或者會看到孩子不斷地把抽屜打開、關起來的重複動作；甚至打開抽屜後，會將裡面東西全部都拿出來丟到地上等現象。

最怕的就是我們不知道這是孩子發展的必經階段和徵兆。可可媽媽並不知道，原來她的女兒正處於「有意識釋放手中物品」的發展期，此時她正在欣喜地練習著這生命自然發展過程中給予她的新技能。

孩子與生俱來就具有探索環境的衝動與欲望，膽小、畏縮，並不是孩子真正的本色。會這樣的孩子，絕大部分都是被大人後天所影響的。

這是孩子在成長過程中，為了完美自身動作的必然階段性發展過程，他不是故意要做一些「調皮搗蛋」的事讓我們生氣。

蒙特梭利
觀點

「有意識釋放手中物品」發展期，培養孩子動作精練的4個重點
──用方法滿足這階段的動作發展需求，孩子動作熟練後就不會亂丟東西

所以在這段時期，我們可以巧妙地用一些方法來回應孩子的需求，讓他滿足之後不再亂丟東西。打罵或處罰也許可以阻止孩子的「淘氣行為」，效果立竿見影，讓他被你嚇到後不敢再丟。但這麼做，很可能會讓他以後變得畏縮膽小、不敢再探索環境。

以下是我訓練孩子的方法，提供給家長們參考：

〔重點1〕把不想讓孩子丟的東西放在他拿不到的地方

例如：手機、遙控器、易碎品等，請把這些物品妥善收好，別把你不想他丟的東西放在他拿得到的地方。

〔重點2〕用方法滿足他這段時間的動作發展需求

我的做法是：在我兒子羽辰這段時間，我們有一個專門給他打開的抽屜（注意抽屜最好是沒有辦法整個拉出來、有卡榫的那種），裡面放的都是符合孩子抓握大小、打好結的小塑膠袋。會用塑膠袋的原因，是因為它被抓握時會發出「沙沙」的聲音，能引起孩子興趣重複練習；而且它丟在地上不會壞掉、不會大聲、更不會危險。同時，為了增加它的體積與下墜速度，我們把塑膠袋打上一個

結，讓孩子更好抓握。

〔重點3〕讓孩子反覆練習開關抽屜和丟的動作

我們會讓羽辰坐在椅子上（會固定住防止他跌下來），然後將椅子靠近抽屜，讓他可以把抽屜重複打開、關上。慢慢地當他發現抽屜裡面有「東西」時，他就會用手抓起來、然後一一丟地上。等到他把所有塑膠袋都丟到地上後，我們就會把塑膠袋全部撿起來、放回去，把抽屜關上，讓他再繼續重複練習。

〔重點4〕孩子的內在需求被滿足，動作熟練後就不會亂丟東西

通常他一次大概會玩個20～30分鐘，等玩夠了、滿足了，他就不會再繼續，開始東張西望，這時候我們就會把他放下來。**在這過程裡孩子的內在發展需求被滿足了，同時透過他自發性的重複練習，也培養了他的專注力、手眼協調能力、意志力、秩序感與自信心。**若環境能給予孩子足夠的練習，熟練釋放的動作大概需要一個月左右的時間。羽辰因為發展需求有被滿足，所以過了這階段之後，他不太會亂丟東西。

若1歲多的孩子仍有亂丟東西的衝動，則可能代表此動作發展需求沒有被滿足，成人可以陪孩子在家裡練習丟各種大小、種類的球來滿足這類的內在需要。一段時間過後，情況就會改善。

10~12個月
問題行為

亂拿、亂碰東西

發展階段 探索環境
解決方法 沒有危險的情況下，允許孩子探索

CASE 7

孩子愛隨便亂拿東西

小米媽媽：「女兒快滿週歲，她已經可以不用扶著物品站立步行了。看到孩子學會走路，我們都很開心，但也多了一個煩惱。孩子現在可以隨著她的心意活動，開始喜歡亂碰家裡的東西，我們也曾當面禁止，但她總是左耳進右耳出不放在心上。請問該怎麼教會孩子不要亂碰東西呢？」

羅寶鴻老師：「探索是這個時期孩子的本能，孩子不是『故意』不聽話。」

到這階段，孩子活動力又更增加一些了。身體平衡發展上，孩子已經能夠扶物站立、扶物行走，甚至能開始獨立走路；手部動作也更成熟，抓握能力越來越好了。隨著可以站立，孩子雙手不再需要用來支撐身體，因此能探索的範圍也更廣。

很多家長在這時候就會發現孩子開始「什麼都喜歡亂拿」、「講都講不聽」，十分令人困擾。在這階段我希望家長瞭解的是：

蒙特梭利
觀點

10～12個月孩子愛亂拿東西並非「故意」不聽話或不乖

——探索環境是這時期孩子的本能，在沒有立即危險下，允許孩子探索環境

孩子在3歲以前，「先天的內在發展衝動」會比「後天培養的意志力與自我控制力」強，你跟他說不可以做的事，他很可能還是會不斷去做、去嘗試。不要跟這年紀的孩子生氣，因為他真的不是「故意」。

但與其讓他漫無目的地亂抓、亂拿，什麼都跟他說「不行、不准」，不如有目標地幫助他找到一些對他發展有幫助的活動，統合他內心的發展能量。

蒙特梭利博士給予的建議是：「**在沒有立即危險下，允許孩子探索環境。**」探索是人類本能，唯有透過探索環境，孩子的心智才得以建構。

孩子這階段最喜歡探索的，就是他從出生到現在每天看到環境裡大人都在做的事。所以他最想要拿來「玩」的，就是每天我們使用的東西。

在此，父母應該牢記一點：0～3歲孩子最喜歡的並不是玩具。與生俱來就擁有探索與適應能力的孩子，內心有著一股想要融入真實生活與文化的衝動，玩具是無法回應孩子這種偉大的內在需求的。

蒙特梭利
觀點

真實生活才能回應孩子的內在需求，豐富孩子心智

——玩具只能滿足孩子的欲望，無法培養出獨立、自主、自信等正向人格

美國教育家約翰．杜威（John Dewey）說：「教育，即生活。」每天充斥著各種玩具但缺乏真實生活經驗的孩子，無法培養出獨立、自主、自信等正向人格。玩具只能滿足孩子的欲望，真實生活才能豐富孩子的心智。所以，**成人應該從小就讓孩子「接觸真實生活」，要讓孩子接觸真實生活，就必須從「允許孩子探索環境」開始**。

蒙特梭利博士說：「為了要滿足孩子探索與發展的需求，環境必須要預備好。」

我兒子羽辰在這階段，最喜歡玩的就是拖把、掃把、澆水壺等，為了讓他可以安全探索環境，每天早上我都會在他起床以前先把環境預備好。例如：每天用來掃地的掃把，我會換成「羽辰專用」的新掃把；拖把的頭會拆下來換一個乾淨、消毒過的；等羽辰醒了、喝完奶之後，我就會把他帶到客廳活動墊上讓他自由活動。

他那陣子第一件會做的事，就是爬到放清潔用品的角落把拖把拖出來到客廳，然後坐在椅子上把玩。而且我觀察到在沒有人教他怎麼玩的狀況下，他也會自己玩得很有「心得」。

他會一隻手垂直握著拖把的柄，然後轉動手腕；在轉動時拖把的毛會張開，他就會趁這時候把拖把頭蓋在地上，讓拖把毛很整齊地呈現出一個圓形。若做成功，他會露出滿足的表情、眼神散發著「我做到了」的光芒，然後再將拖把拿起來、重複練習著。等到一隻手轉累了，他就會換另一隻繼續轉。

我觀察到：**當孩子重複做一件事的時候，他會開始產生專注；在當下他的身、心、靈能量會統合起來，同時導向一個工作目標。同時，他的眼神會非常專注，綻放著生命光采。**

蒙特梭利觀點

孩子看似不經意的重複行動＝他正在自我建構各種重要能力

——孩子在探索的時候，會找到能回應他內在需求、對身心建構有幫助的物品

不懂的大人會說「孩子只是在亂玩拖把」，甚至可能會中斷孩子的活動；殊不知其實孩子正透過我們認為微不足道的事情，自我建構著各種重要的能力——專注力、意志力、手眼協調能力、秩序感、身體協調能力。透過他自發性的活動（spontaneous activity），他也正為以後更多的生活探索、獨立自主做準備——他正在預備他的生命能力與技巧。

成人總是以為孩子什麼都不懂、什麼都要被教；但其實我們不知道原來孩子生命有著一個祕密——只要我們提供良好、豐富的環境給他，並在環境中賦予他自由，他就能透過探索環境，藉由「內在導師」（inner teacher，蒙特梭利博士以此來比喻生命的本質、自然的法則）的指引，自我建構出健全、正向的人格。

為了允許孩子透過「內在導師」的指引，自我建構生命本有的發展藍圖，蒙特梭利博士告誡我們成人要「跟隨孩子」（Follow the child）。**其實孩子很多時候都比我們更瞭解他想要做的、能幫助到他的是什麼。**當他在探索的時候，他會找到能回應他內在需求、對他身心建構有幫助的物品。問題就在於：我們大人是否願意給他自由。

如果我們能以謙卑的態度看待孩子探索，允許他自由，我們就會發現孩子在我們面前展現出我們意想不到的事情，做出許多我們不相信他有能力做到的事。一個1歲不到的孩子，原來能在沒有任何人教導他之下，透過不斷的重複練習，完美他自身的發展；原來在那弱小的身軀裡，正隱藏著一個神聖又偉大的靈魂。

這是我從事將近二十年幼兒教育親眼看到的事實，確實是「因為相信，所以看見」。很多家長、父母甚至幼兒園老師都「看不見」，主要是因為他們內心「不相信」，所以也間接限制了孩子許多發展的可能性。

蒙特梭利
觀點

這階段的自由與紀律拿捏原則：有限制的自由

——在「不傷害自己、不傷害別人、不傷害環境」前提下，允許孩子探索環境

1歲前的羽辰，每天玩拖把的工作週期（work cycle，意指一個活動從開始到結束的時間）大約是半小時；換句話說，他當時的專注力已經有半小時。拖把活動結束後，他會拿掃把來玩，然後再拿廚餘桶。就這樣大概玩了三個月左右，他就逐漸不玩這些物品了，因為在這段時間裡，他內心已透過

這些活動習得了各種相關的心智與技能，內在發展需求得到滿足，所以會往下一個目標邁進。因此，大人不用擔心讓孩子這樣做會養成「什麼都愛亂玩、沒有規矩」的壞習慣。

於是，他開始每天到戶外拿著澆水壺澆花、澆盆栽……重複練習著。到了1歲半，他每天在花園外面玩澆水，都可以專注一個多小時了。

在這階段，我們開始讓孩子瞭解有些地方他可以自由進出與探索，但有些地方是不可以的，例如陽台、樓梯間、或者是正在開火煮飯的廚房等。

這正是透過實際生活讓孩子瞭解「自由與紀律」的開始，我們給予孩子的自由，是「有限制的自由」：在「不傷害自己、不傷害別人、不傷害環境」前提下，我們允許孩子探索環境。

1.5~3歲
問題行為

愛玩生活易碎品

發展階段 探索環境
解決方法 允許孩子的專注動作

CASE 8

孩子想玩易碎品

緯緯媽媽：「羅老師，我們家緯緯現在1歲半，現在我們很煩惱的是，他明明有自己的塑膠小青蛙水杯，卻總是想拿大人用的陶瓷杯，我們已經說過很多次，他卻還是不乖想玩那些易碎品，請問有沒有什麼方法阻止他呢？」

羅寶鴻老師：「這個時期的孩子內在衝動比後天控制力強，與其都不讓孩子碰這些『易碎品』，不如教他如何小心使用，再由大人在一旁觀察監護。」

1歲到1歲半，是孩子既聽得懂大人的話、又還不會頂嘴的蜜月期。這時候，孩子能夠自由地走來走去做很多事情了，還會走到各種他之前去不了的地方進行探索。這階段孩子，仍然會對日常生活裡面各種用品感興趣，所以在這邊給予家長的建議跟之前一樣：

❶ **給予自由**：在沒有立即危險的前提下，允許孩子探索環境。

❷ **給予紀律**：在環境中設立規範：有些地方可以去，但有些不能。

孩子目前所做的都是屬於「探索性」行為，如上一篇講到，他先天的內在衝動仍然比後天的控制力強，所以很多時候還是會「講不聽」；成人不要誤認這是孩子「故意」或「不乖」的行為，讓孩子無辜被處罰。

蒙特梭利**觀點**

允許孩子探索並使用「非塑膠」用品

——不同材質能帶來不同觸覺刺激，與其不讓孩子碰「易碎品」，不如教他如何小心使用

羽辰在這時候喜歡玩的是廚房的鍋碗瓢盆、媽媽的虹吸式咖啡壺，喜愛到戶外澆花，並開始會自己拿杯子喝水、練習倒水。在羽辰1歲的時候，我買了一個星巴克的cappuccino陶瓷小杯送他，讓他練習拿杯子喝水（這杯子現在還沒打破喔）。

之所以會允許孩子探索並使用「非塑膠」用品，是因為不同材質能帶給孩子不同的觸覺刺激。

而且，孩子遲早會對這些「易碎品」感興趣；與其都不讓他碰，不如在這時候就教他如何小心使用這些物品，同時精練他的動作。

在之前章節裡面提到，羽辰已對「丟東西」這動作得到滿足，而且手部動作也更趨成熟了。**在有充足預備練習的前提下，我們才讓孩子進一步地挑戰環境。在探索、使用易碎品的時候，我或媽媽都會在旁邊觀察著，所以不會出現「立即危險」**。就算不小心打破，我們也可以在第一時間將羽辰帶離現場做整理。

蒙特梭利
觀點

孩子的專注動作，有助心智的建構
——希望孩子結束活動，要以循序漸進的方式，不可強迫、魯莽地中止他

羽辰在1歲4個月開始對「倒水」非常感興趣。他會拿兩個杯子將水倒過來、倒過去重複練習，每次都會專注操作半小時左右才會滿足。那時候，我們帶他出去吃飯是最快樂的了。到餐廳後只要給他兩個杯子，其中一個杯子放點水（三分滿），他就會專注地在旁邊自己工作。在接下來的半小時，我和太太就可以很愜意地享受用餐的時光，只要不時地把倒出來的水即時擦乾，並替杯子補水就好了。

羽辰的動作，也隨著不斷練習越來越精練。先是兩隻手倒水，後來就可以一隻手倒。到了1歲9個月，羽辰已經可以替爸爸媽媽倒茶了！

任何時候當孩子在專注做一件事時，成人記住千萬不要魯莽地中斷孩子的活動。

當幼兒在專注時，腦部的神經元（neurons）會放電，並透過軸突（axons）與其他神經元相互連結形成腦部網路建構心智。但當他的專注突然被成人魯莽中斷時，就好比成人用剪刀把腦部的神經元一刀剪斷一樣。孩子的活動突然被中止了，這些帶電的神經元與軸突會剎那間找不到迴路終點而開始亂串。這樣會有什麼影響呢？

如果是機器的話就會斷路，如果是電腦就會當機；人腦的話，就很可能會影響到孩子日後的專注力發展。現今社會很多ADD注意力缺失症、ADHD注意力不足過動症的孩子，其實大部分都是因為專注力從小就被成人破壞所致。

所以，**在任何時候要孩子結束活動，必須以循序漸進的方式告知，讓孩子慢慢中止活動，切勿用強迫、魯莽的方式**。

CASE 9

孩子在外面不專心吃飯，只顧著玩手上的碎紙片

有一次我去喝喜酒，對面坐著一位大概2歲的小女孩，正專注地把玩著一些可以拼湊的紙片。在旁邊的阿公正拿著碗和湯匙，一口一口地餵著她吃飯。但在孫女有一口、沒一口不專心吃的情況

下，阿公有點不耐煩了，於是他把孫女手上的紙片拿走，要她專心吃飯。

孫女的專注當下被強迫中斷了，馬上大哭。阿公聽到她大哭也不甘示弱，喝斥回去並用手打她的頭說：「吃飯啦！」於是整個場面一發不可收拾，最後由媽媽來把孩子抱離會場，留下阿公繼續生氣地碎碎唸著。

阿公可能覺得孫女一直在玩沒有專心吃飯很不乖，但他可能不知道，這樣做反而會對孩子造成了傷害。

很多人都會認為孩子到外面吃飯就應該要「有規矩」，吃要有吃相、坐要有坐相，吃飯的時候要認真吃，沒吃飯的時候要安靜聽大人聊天……或許這是應該的，但試問一個3歲不到的孩子做得到嗎？孩子會在吃飯時間把玩著自己手上的東西，是因為：

❶他當下對吃沒興趣；

❷他對手上的東西比較有興趣；

❸他在做的事情能回應到他內在需求。

所以在沒有「不尊重自己、不尊重環境、不尊重別人」前提下，我們應該要允許孩子做自己想做的事情。而且當他有事做，就不會一直打擾大人了。**以孩子發展來講，大概要到6歲過後，當意志力與自我控制力越來越成熟時，才會有能力約束自己，坐上半小時陪同大人吃飯。**

蒙特梭利觀點

1～2歲孩子可以開始兩個選擇的預備練習

——透過選擇練習讓孩子瞭解「因果關係」：做了一個選擇，就會有相應的結果，結果不會改變

1～2歲孩子的理解力，足以讓他在日常生活裡開始做「選擇」了。我們可以利用在生活上的很多事情，例如出門前穿衣服，來給孩子選擇的經驗。

我們先雙手各拿一件不同的襯衫，然後拿到孩子面前問他：「你想要穿白色這件襯衫，還是藍色這件襯衫？」

若孩子聽不懂，他會呆呆地看著我們；若他聽得懂，他就會用手指，或者說出：「這個。」然後我們就說：「你要選擇白色的襯衫是嗎？好，那我們把藍色的收起來。」並替他穿上白色襯衫。

我們也可以用同樣方式問孩子要穿哪一雙襪子；雙手各拿一雙不同顏色的襪子，拿到孩子面前問：「你想要穿黑色的襪子，還是紅色的襪子？」孩子選好以後，我們就說：「好，你選擇黑色的襪子，那我們就把紅色襪子收起來。」並替他穿上黑色襪子。

透過這樣的選擇練習，我們會讓孩子瞭解到：做了一個選擇之後，就會有它相應的「結果」，而且這個結果是不會改變的。這是讓孩子瞭解「因果關係」（cause and consequence）的開始，也是為孩子在日後「自我認同危機期」時給予「兩個選擇」的重要預備練習。

注意事項

孩子探索環境時，成人不要介入或打擾

❶ 當孩子想要探索環境、或從事一個活動時，在沒有立即危險、沒有不尊重自己、不尊重別人、不尊重環境的前提下，不要干涉孩子。（請見CASE12 p.142）

❷ 當孩子在專注做一件事情時，注意不要打斷孩子。（請見CASE8 p.128）

❸ 在孩子沒有主動要求下，我們不介入孩子的活動、或協助孩子。（請見CASE14 p.152）

1.5~3歲
問題行為

喜歡說「不要！」、講都講不聽

發展階段 自我認同危機期
解決方法 提醒四步驟、兩個選擇、同理不處理

CASE 10

孩子講都講不聽，一直說「不要！」

子瑞媽媽：「兒子現在2歲半，我們發現他似乎很喜歡『挑戰』爸媽，叫他不要做的事情，往往只要大人一不留意，他又會偷偷做，提醒他好幾次後，他一發起脾氣來就會大喊『不要！不要！』……難怪人家說『2歲孩子貓狗嫌』，真的很傷腦筋啊……」

羅寶鴻老師：「1歲半~3歲的孩子正處於『自我認同危機期』，當他想做一件事被成人阻止，就會有強烈的反抗行為，也開始會跟成人說『不要』，來切割自己與成人。」

蒙特梭利觀點

1歲半～3歲正是「自我認同危機期」

——孩子瞭解自己是獨立個體，尋求自我認同，對大人說「不要」來展現自己與成人的切割

「發展危機」（Developmental Crisis）由美國心理學家艾瑞克森（E.H. Erikson, 1902～1979）提出，以人類適應環境與社會的觀點，來探討人格發展歷程。從字面上看，「危機」（crisis）這詞彙同時有著「危險」和「轉機」的意思，所以它不一定代表負面的結果，而是一個可以改變的機會。

「發展危機」是指在兩個發展階段之間的轉折點；轉折的過程好壞與否，會影響到接下來的發展階段。

「自我認同危機期」（Crisis of Self-Affirmation）是孩子在1歲半開始到3歲、從前幼兒期（0～3歲）過渡到後幼兒期（3～6歲）的轉折時期。在這階段，孩子在心理上開始瞭解自己是獨立的個體，而不是主要照顧者的一部分。**他會開始想確認「我」的存在與價值，尋求自我認同。所以當他想做一件事時如果被成人阻止，他會有強烈的反抗行為。**在日常生活上，他也開始會有意無意地常跟成人說「不要」，來展現自己與成人的切割。

父母都會覺得這時候的孩子想要用情緒來控制整個世界，而且怎麼講都講不聽，非常難搞。因此，西方文化稱這階段的孩子為"Terrible Two"（因為孩子的反抗會從2歲開始越來越強烈），東方文化則有「2歲孩子貓狗嫌」一說，也有人稱這段時期為孩子第一個「叛逆期」。

「自我認同危機期」何時結束？**到了大概3歲，當孩子開始說出「我」這個字的時候，就代表**

他對自我的統整過程已經完成，這轉折期要接近尾聲了。

注意事項

不要用處罰或責備回應孩子的「不要」

❶ 當孩子開始一直跟你說「不要」的時候，這是他生命發展在確認自我的重要歷程，不是他「越大越不聽話」。所以不要以處罰或責備的方式回應他！其實這時期的孩子是很可愛的，因為你都可以預測到，他絕對不會聽你的話。

❷ 我常跟家長說：「沒有一個孩子是天生喜歡被規範的；他會反抗是理所當然的事。」這也是孩子開始探索成人規範、挑戰規範的時期（你說不行做的他就越要做）。我們必須要瞭解人類與生俱來就有「探索、適應、挑戰、征服」環境的潛力，他也需要經過探索規範，才會適應規範。所以，當他挑戰我們規範的時候，我們要瞭解他正在「展現人類偉大潛力」，而非「故意不聽大人的話」。

❸ 透過打、罵的方式讓孩子服從，孩子在當下可能會聽你的話，但打罵有太多潛在的負面教育效果，所以不建議使用，我們可以用更好的教育方式——給予孩子「兩個選擇」。

❹ 當你覺得孩子「怎麼講都講不聽」的時候，就要記住在當提醒兩次無效以後，就不要再提醒了，我們要以行動代替語言——讓孩子經驗選擇後的結果。

CASE 11

明明提醒過了，孩子還是故意違反規範

有一天早上吃完早餐後，羽辰（2歲半左右）在家裡客廳騎著滑步車；客廳其中一個區域是有墊子的活動區。我們對他說過不能騎到墊子上，因為墊子會髒掉。**（※事前約定）**

但當天早上，他騎著騎著就繞到墊子上了。媽媽看到後提醒他，他騎出來；但後來媽媽到外面洗衣服時，他又騎到墊子上。

那時候我在餐桌上工作，看到羽辰又騎到墊子上，我就對他說：

「羽辰，我看到你又騎到墊子上了。」**（※提醒四步驟1）**

「這樣墊子會髒掉喔。」**（※提醒四步驟2）**

「你要選擇在墊子外面繼續騎，還是要再騎到墊子上沒得騎？」**（※「兩個選擇」）**

羽辰想想後說：「ㄜ，要繼續騎。」

我就說：「好。」

於是我繼續工作，但我心裡很清楚：正值自我認同危機期的羽辰一定會挑戰這規範的（笑）。

在接下來的兩分鐘，他都沒有騎進去；但兩分鐘後，他的輪子又再次微微繞過活動區墊子的邊緣，然後又離開。一會兒又「不小心」繞進去壓到墊子一些些，然後又繞出來。我假裝沒有看到，但其實我在確認他到底是「忘記」還是「故意」。

過了一陣子，他整部車都繞進去了，繞了一圈騎出來。從他的表情得知，他是故意的；當時我

心裡面想的是：「Cute……就知道你會這樣。」

於是，我就把裝著愛心奶茶的杯子（早上太太煮的）拿起來跟羽辰說：「羽辰來，爸爸給你喝一口奶茶喔。」羽辰很高興地騎過來，然後下車接過我的杯子喝。

就在這時候，我站起來走到放在地上的滑步車旁，雙手把車抬起，把它拿到二樓儲藏室。羽辰看到我要把滑步車拿走，大叫：「不——要——！」

我回過頭，用溫和但堅定的語氣對他說：「你選擇騎到墊子上，所以結果就是沒得騎了。」

羽辰仍然大叫：「還——要——騎！」我繼續上樓梯。於是，他大哭。

哭聲大到驚動在外面洗衣服的媽媽了，媽媽走進來問：「怎麼了？羽辰什麼事？」羽辰大哭：「哇——！」

媽媽一看，發現大哭的羽辰以及正拿著滑步車到樓上的爸爸，就很清楚剛剛發生什麼事了，說：「媽媽不是剛剛就提醒過你不要騎到墊子上了嗎？現在沒得騎了很傷心對不對？」

羽辰繼續大哭：「哇——還要騎！」聽到他這樣講我就轉過頭、用柔軟的眼神、邊點頭邊對他說：「你還想要繼續騎是嗎？羽辰哭著說：「要！」我回答：「爸爸知道……」然後，繼續往二樓把滑步車放好。（※同理但不處理）

同時，媽媽也回到外面繼續洗衣服。（※同理但不處理）

我下樓了，看到羽辰還在大哭，我就用柔軟的語氣、跟他拍拍說：「很傷心是嗎？」他仍然哭著：「是——！」我就蹲下來抱抱他說：「好，爸爸知道喔。」（※同理但不處理）

接下來的時間，羽辰當然還是在耍賴：「嗚——要騎腳踏車——要騎腳踏車啦……」但我持續以「同理但不處理」的方式對待：「嗯……對……是……爸爸知道……」；同時我沒有一直坐在同一個位置，而是走來走去地做一些家事來分散他注意力，也降低他一直鬧脾氣的破壞力。（※不坐以待斃）

在我走來走去的同時，他也一直跟在我旁邊繼續哭著走來走去。但在沒有繼續被成人挑釁情緒下，羽辰的情緒大概10分鐘左右就從高峰慢慢緩和下來了。

這時候，我就以簡潔有力的語氣對他說：「來，爸爸要到外面，我們一起出去吧！」（※注意！我沒有加上「好不好？」）

於是我就牽著他的手一起出去花園走走，結束了這場鬧劇。

蒙特梭利觀點

3歲過後，孩子開始說出「我」＝自我認同危機的結束

羽辰過了3歲，開始說出「我」之後，會挑戰規範的現象也顯著地減少。這代表著：

❶他的自我已經獲得統整；
❷他已透過探索更瞭解規範的標準；
❸他逐漸懂得做出正確的選擇。

如果我們這段時期給予的規範沒有原則、常變來變去，又或者環境有成人因為過度保護孩子而

讓他沒有「經驗選擇後的結果」，孩子瞭解規範界線及懂得做出正確選擇的時間，就會拖更長。

有一天週末我們一家人中午去喝喜酒（羽辰當時3歲多一點）。因為他那陣子感冒咳嗽，所以媽媽在出門前就事先跟他約定：「因為你咳嗽還沒好，所以今天冰的飲料和糖果都沒辦法吃喔。」羽辰說：「好。」

到了餐廳，圓桌上的轉盤有一碟滿滿的糖果；羽辰看到就用手指著問：「ㄜ，這是什麼？這是什麼？」（假裝不知道故意問的）

我點著頭笑笑說：「是糖果。」

羽辰說：「ㄜ，我可以吃嗎？」

媽媽說：「不行喔，我們說過今天不吃糖果的喔。」

羽辰就說：「好。」

我聽到羽辰這麼乾脆地說「好」真的又驚又喜；因為，他已經開始不用耍賴了！

當孩子已經懂得用「我」、同時開始能夠依循成人的規範，不再會「為了反對而反對」時，就表示「自我認同危機期」已經接近尾聲了。

1.5~3歲
問題行為

堅持要拿某樣東西，不給就哭鬧

發展階段　探索環境
解決方法　沒有立即危險的狀況下，允許孩子探索

CASE 12

孩子要拿東西，不給就哭鬧

小鴻媽媽：「兒子快1歲4個月，常常在外面失控。要那個東西就是要那個東西，不給他就哭鬧，脾氣不好又愛生氣，一生氣就丟東西。他要的東西給他就會好一些，但這樣子順著他好嗎？娘家的家人都會說是我們太過寵他，讓他要怎樣就怎樣……」

羅寶鴻老師：「這個時期的孩子對探索周遭環境有強烈興趣，在『沒有不尊重自己、不尊重別人、不尊重環境』的狀況下，可以允許他用手探索環境。」

蒙特梭利
觀點

「允許孩子探索環境」，是在幫助孩子發展獨立，並不是寵

這位媽媽的孩子目前大概1歲4個月，對探索環境與周遭事物有著強烈的興趣，這是很自然的。建議在以下情況允許他探索環境，包括用手探索環境的物品：

❶ 沒有立即危險下；
❷ 有大人陪同下；
❸ 行為並沒有不尊重自己、不尊重別人、不尊重環境下。

關於「娘家的家人都會說是我們太過寵他，讓他要怎樣就怎樣」這點，我有以下建議：

若孩子的行為有「不尊重自己、不尊重別人、不尊重環境」的情況，我們就要當下給予制止。如果連打擾別人、破壞環境的事情都讓他做，這才叫寵。

「允許孩子探索環境」，是在幫助孩子發展獨立，這並不是寵。過度照顧、過度保護才是寵。

「要那個東西就是要那個東西」——你從今天開始可以有原則地進行：可以給他的就給他（符合以上條件的），但不可以的就是不行。在孩子還小的時候，東西適不適合他拿來探索，決定權在大人而不是小孩，不能因為孩子哭就什麼都聽他的，這一點沒錯。**但我們也要注意有沒有因為過度保護孩子結果什麼都不允許他做，導致他內心開始產生匱乏而產生偏態。**

「脾氣不好又愛生氣，一生氣就丟東西」——丟東西是不應被允許的，這是不尊重環境、不尊重別人的行為。若孩子有這情形，需要當下制止與提醒。若孩子生氣，就使用「同理但不處理」、「不要坐以待斃」、「轉移孩子注意力」等方式。

蒙特梭利
觀點

孩子的手眼協調有基礎後，爸媽可讓他嘗試探索「易碎品」

——東西打破也是機會教育，示範怎麼清理打碎物品的現場，也是很好的日常生活經驗

既然這個階段孩子對環境周遭物品都會特別感興趣，那羽辰1歲3個月時最喜歡拿什麼呢？就是媽媽經常用來煮咖啡的虹吸式咖啡壺！由於他在6、7個月（會坐開始）就常看媽媽煮咖啡，所以1歲過後，自然而然會很想要探索、瞭解這個物品。每當我抱著他經過客廳透明櫥櫃時，他都會邊指著櫥櫃裡的咖啡壺邊說：「這個！這個！」表示他想要拿出來操作。

基於以下幾個原因，讓我決定讓羽辰嘗試：

❶ **孩子的手部動作、手眼協調有一定基礎**：在1歲前我們就開始幫助他發展手部動作以及手眼協調能力，所以到1歲3個月時他已經能夠自己拿杯子喝水、抓握能力也漸趨成熟，手眼協調能力也有一定基礎了。

❷ **當下沒有立即危險**：雖然是玻璃製品，但因為沒有被打破，所以在操作當下是「沒有立即危險」的。

❸在進行這項活動的時候，我或羽辰媽媽都會全程陪伴：若不小心被打破了，我和媽媽都會當下將孩子帶離、並馬上處理。

❹東西打破也是機會教育：孩子看到東西打破也是很好的機會教育，可以讓他瞭解有些東西如果使用不小心就會破掉、會沒辦法再使用，讓他下次更小心。

❺可以示範給孩子看怎麼清理打碎物品的現場，也是一個很好的日常生活經驗。

最重要的是，我也很想知道，兒子這麼想拿這玩意兒到底會做些什麼事（爸爸好奇心也很重）。

於是，在一天早上當他又指著櫥櫃裡的咖啡壺時，我就問他：「羽辰，你想要操作媽媽的咖啡壺是嗎？」

羽辰看著我：「ㄜ。」（表示要）

於是，我以慎重的表情提醒他：「好，爸爸把它拿下來給你操作，但你一定要小心喔，這是玻璃做的，很容易打破，知道嗎？」

看著他好像聽懂我意思的表情（我猜的），我決定跟他一起挑戰這一般人都認為的不可能任務（Mission Impossible）。

我打開櫥櫃，把整組咖啡壺以雙手穩穩地握拿著、慢慢地走到他的活動墊上，緩緩地把它放下（給予孩子取拿物品的正確示範）。然後我到墊子上，靜靜地觀察他將會怎麼做……

他腳打叉叉地坐在咖啡壺前面，用右手把上座從底座拿起來，舉得高高的（我心跳頓時加速），再慢慢地把上座插到下座上。我驚訝地發現他第一次做的時候，就可以對準下座壺口把上座插進去了！

然後，他又把上座從下座拿起來，再舉高高（我心跳又加速），慢慢地插回底座。在進行的時候我看到羽辰非常專注，彷彿整個生命都投入到這工作裡面，而且身體、手部動作是穩定、協調的。

「彷彿整個生命都投入」——正是這階段我們希望孩子工作的情形：這是孩子趨向「正常化」的關鍵，孩子從工作中得以自我建構正向人格。

看著看著，我從擔心開始慢慢轉為放心（但並沒有掉以輕心）。我觀察著羽辰重複地操作了20、30分鐘左右，慢慢感覺到他已經滿足了、開始不想繼續，我就對他說：「羽辰，我們把咖啡壺放回去櫃子裡，下次再拿出來好嗎？」他說：「ㄜ。」（表示好）於是，我把咖啡壺放回櫥櫃裡面。

蒙特梭利**觀點**

孩子的幼小身軀裡擁有探索環境、挑戰自我的偉大需求

——在沒有立即危險之下，成人應該回應這種內在需求

從那天早上開始，每天他早上起來的第一個活動，就是拿咖啡壺練習。練習了大概一、兩週後，他開始又「這個、這個」地表示他還想要拿其他工具了：酒精燈、攪拌棒、咖啡杯，還有杯碟……沒錯！他想要學媽媽一樣煮咖啡！

不瞭解孩子的大人可能又會說「不行！」「危險！」「會打破！」「荒謬！」「別鬧了！」……但我看到的是，其實在所有孩子的幼小身軀裡面，都擁有著想要探索環境、適應環境、挑戰自我、超越自我的靈魂。在沒有立即危險之下，我們都應該回應孩子這種偉大內在需求。

於是，他的工具越來越多，玩得也越來越讓我驚嘆；我看到他竟然慢慢在做著跟媽媽相似的動作，模仿著媽媽煮咖啡的流程，而且不斷重複地練習著。以前我在幼兒園見過許多3、4歲的孩子擁有這種模仿能力；但我沒想到，原來1歲半都不到的孩子也同樣可以。

在當下，我不禁反思一個問題：「我們是不是常常都把孩子看得太小了呢？」

從這事件讓我瞭解到：**其實，孩子都可以很偉大。只要我們願意給他自由、讓他探索、允許他嘗試，他會展現給我們看到人類與生俱來就有著自我提升、自求完美的生命本質。**這是處處都跟孩子說「不可以」、「不行」的父母，永遠沒有機會看到的。

1.5~3歲

問題行為

不說話、自己想講才說

發展階段　語言敏感期

解決方法　提供語言環境、允許孩子探索環境、發展獨立

CASE 13

孩子快2歲還不太會講話，這樣正常嗎？

小翊媽媽：「兒子目前1歲10個月，會的單字只有三、四個而已。請問這樣是不是算語言發展太慢呢？而且要他模仿大人的話說說看，他也都不說，只在自己想講時才願意講耶……」

羅寶鴻老師：「在一個豐富的語言環境下，而且成人不刻意強迫孩子講話，孩子自然而然能學會語言。」

蒙特梭利**觀點**

語言發展是自然的事，提供豐富語言環境，孩子自然能學會語言

——不要強迫孩子講話，更別拿他跟其他孩子比較，孩子可能因為壓力不願說話

每個孩子語言學習速度與進度本就各有不同，但只要在一個豐富的語言環境下，並且成人不強迫孩子講話，孩子學會語言是自然而然的事。

所以，首重多跟他用正確的言語、完整的句子溝通，而不是用「兒語」。

此外，不要強迫孩子講話。這位媽媽說「而且要他模仿大人的話說說看，他也都不說」，這正是我所擔心的事。**孩子2歲過後，會有「口說語言爆發期」**，意思是會開始說比較多的話，我建議你耐心等待，並遵守以上兩個重點。

還有請記住，不要把你的孩子拿來跟其他孩子比較。這只會讓你和孩子有更多不必要的壓力。平常跟孩子說話要用「完整的句子」，他才能吸收到我們語言當中的正確文法順序。簡單來講，對孩子的語言「輸入」越多，將來他的「輸出」就越多。但他什麼時候會輸出我們沒有辦法知道，更沒有辦法強迫。

重點是「不要求他模仿說什麼單字」，因為你很可能會給他壓力，反而讓他不願意把話說出口。語言發展是很自然的一件事，家長可以如上面所說的去進行，提供孩子豐富的語言環境，多跟他用完整句子說話，在環境裡盡量減少任何人強迫他說話的可能性。

蒙特梭利
觀點

3歲前允許孩子探索環境、發展獨立，語言發展能力才會好

——日常生活的各種刺激很重要，孩子心智的全方位發展也有益於語言發展

另外，日常生活中的各種刺激也是很重要的，不要太保護孩子，什麼都跟他說「不行」。在沒有不尊重自己、不尊重別人、不尊重環境下，要多允許孩子探索環境。**孩子的心智發展必須全方位，語言發展能力才會好**。

在沒有立即危險下、在沒有不尊重別人、不尊重環境下，應該要多讓他探索，包括拿他想拿的東西。例如他很喜歡拿什麼掃把、吹風機……請家長自問是不是常常都不給他拿這個、不給他拿那個呢？

你覺得他太小什麼都不給他拿，相對的孩子也會覺得自己很渺小，自然在語言溝通的發展上，他會繼續沿用小嬰兒的方式來跟你溝通。

溝通可以分為兩種：一種是透過行動與環境的溝通，另一種是透過言語與成人的溝通。**孩子如果在平時行動上的溝通都處處被成人所制止，那之後在發展語言上的溝通也會間接被影響**。

很多人不知道這會影響孩子的語言發展，但從太多真實案例裡面我們看到，兩者之間確實是相關的；從小被過度保護、什麼都被大人說「不可以」的孩子，大多語言發展上都比較緩慢。持續給予他語言刺激，使用完整的句子跟他講話，在沒有立即危險的情況下允許他探索環境。我相信如果家長可以改變，孩子也會改變的。

所以在孩子3歲以前，首重允許孩子探索環境、發展獨立。透過探索環境，孩子可以得到的教育利益，實在是太大了！如果成人剝奪了孩子這種權利，那損失實在是太大了！

1.5~3歲
問題行為

事情做不好愛生氣又不要大人幫忙

發展階段 自我認同危機期

解決方法 提醒四步驟、兩個選擇、同理不處理

CASE 14

孩子積木蓋不好，愛發脾氣又不讓大人幫忙

小寶媽媽：「老師，我到底該不該插手幫忙孩子啊？今天下午小寶在玩積木想要蓋城堡，但因為下層地基蓋得不夠穩，蓋到一半一直掉下來，他邊做邊生氣地大叫，我受不了要過去幫他的忙，他又一直說『不要！不用！』叫我走開。我該不該幫他呢？」

羅寶鴻老師：「在孩子沒有主動要求下，我們不去干涉孩子的活動、或協助孩子。」

蒙特梭利觀點

不給予過多干涉與協助，孩子才能學會發現問題、解決問題

在孩子沒有主動要求下，大人不要干涉孩子的活動、或協助孩子。家長不必過去幫孩子的忙，但可以用同理的語氣對他說：「如果你需要幫忙，可以跟我說喔。」再讓孩子自己決定要不要。讓孩子學習遇到問題時尋求別人援助，也是培養孩子解決問題的方法之一。

我常提醒老師與家長，若我們在孩子沒有主動找大人之前就先介入，我們很可能會讓他失去一個自我修正、自我學習，以及自我完美的機會。我們應該允許孩子自己發現問題、解決問題，幫助他建立自信心與自尊心。

在我的國小美語班上，有時候也會看到一些不懂得解決日常生活基本問題的孩子。例如：他會過來對我說：「老師，我的鉛筆斷掉了。」我說：「那你覺得怎麼辦呢？」他會跟我說：「……不知道。」（連問我削鉛筆器在哪裡都不會）

又或者會有小朋友過來跟我說：「老師，我沒有橡皮擦。」我說：「那你覺得怎麼辦呢？」他會告訴我：「……不知道。」（連問我或跟朋友借都不會）

這些孩子的問題出在哪裡？都是因為從小到大成人給予過多不必要的協助啊！結果讓孩子養成事事都由別人幫忙，自己不用思考的習慣。

懂得發現問題、解決問題的人，絕對不是從小被照顧得無微不至，然後長大後自己突然就會的。他們都是家裡成人從小就懂得培養他們獨立與解決問題的能力。

如何培養呢？

正如蒙特梭利博士說的：**「要培養孩子獨立自主的能力，注意不要給予孩子不必要的協助。」**

蒙特梭利
觀點

父母的重要課題：允許孩子失敗，從挫折中學習

——孩子克服的困難越大，他的成就感與自信就越高

在我的蒙特梭利教室裡一位2歲半的女生筱妊，有一天在桌上進行著一個蒙特梭利日常生活練習的工作——「拉鍊衣飾框」。當她要把拉鍊扣起來的時候，一直都沒辦法把左邊的拉鍊跟右邊的鐵片扣上，做了很多次都失敗。我觀察到她越做越有情緒、越做越生氣，邊做邊皺著眉頭，到後來連眼淚都流出來了。

一旁的助理老師看到，想要趨前給予她協助；但我當下就把老師擋了下來，示意「不要幫她的忙」。

因為我觀察到，孩子本身並沒有主動要求我們協助的意願。雖然她一直做不到而且還做到哭了，但在她已經泛淚的眼眶內，我看到她充滿著「我想要把這項工作做好」的堅定眼神。她持續地努力做著、做著……過了大概15分鐘，突然我發現她成功地把拉鍊跟鐵片扣上了，並且把拉鍊往上一拉，把拉鍊拉起來了！

當下，我看到筱妊破涕為笑，雙眼充滿光采地看著自己完成的工作！然後，她把衣飾框雙手拿起來、連椅子都沒有靠就走到我前面，雙手舉起衣飾框，大聲地跟我說：「老師你看！」

「你做到了！筱妊！你做到了！」我很高興地點頭說著。

如果當時助理老師過去幫她的忙，之後我們就不會看到她這種充滿著成就感與自我肯定的喜悅了。所以我常跟老師說：「當孩子在工作的時候，我們只給予觀察，並且袖手旁觀。在沒有孩子主動要求下，我們不介入孩子的工作。」

是什麼因素讓我們常常想要幫助孩子呢？

若我們冷靜地省思，就會發現其實是因為我們把孩子看得太渺小，不相信他們可以自己把事情做好啊！

所以，「相信孩子，放手讓孩子做」「允許孩子失敗、允許孩子從挫折中學習」也是父母很重要的一門課題。

1.5~3歲
問題行為

亂拿店家東西

發展階段 探索環境
解決方法 事前約定、提醒四步驟

CASE 15

在商店/百貨公司亂拿東西

彥彥媽媽：「兒子現在2歲大，我們最傷腦筋的事情就是，帶他去買東西時，他經常會隨便拿商店裡的東西，制止他就會大哭，或直接賴在地上不走，請問我們該怎麼辦才好呢？」

羅寶鴻老師：「跟孩子事前約定，並在生活中讓孩子理解商店裡的東西要用錢買。」

蒙特梭利教育很著重對每件事情的「事前準備」。因為透過完善的預備，我們就能有好的開始，而好的開始，往往就是成功的一半。

所以在蒙特梭利教室裡，對環境我們要有「預備的環境」（Preparation of the Environment）；對成人我們要有「預備的成人」（Preparation of an Adult）。環境與成人是教育的兩大關鍵，必須要先預備好，才能給予孩子良好的教育。

蒙特梭利觀點

孩子的行為問題，透過「事前約定」，讓他知道須依循的規範

——孩子理解能力較好時，「事前約定」和「兩個選擇」結合使用，可達到更好的教育效果

正所謂「預防勝於治療」，很多孩子的行為問題、規範問題，我們可以透過「事前約定」的教育方式，先替孩子「打預防針」，減低會發生的可能性。

「事前約定」就是在做某些事之前先跟孩子講清楚「遊戲規則」是什麼，並與孩子約定，讓孩子知道需要依循的規範準則。到孩子2歲半過後理解能力比較好時，我們就可以把「事前約定」和「兩個選擇」結合使用，達到更好的教育效果。

羽辰在將近1歲半的時候，有一次帶他去超市（我們沒有把他放在推車裡的習慣），發現他會自己從架上拿一包培珀莉（Pepperidge Farm）餅乾。於是，我太太就牽著他把餅乾放回去原來的地方。（當時他還不會反抗）

透過雙手探索環境，是每個孩子都會做的事；模仿成人行為，也是孩子學習的必然過程；孩子

會拿店裡的東西，是因為他觀察到我們也在拿我們想要的東西，所以他也有樣學樣。

但隨著孩子開始進入「自我認同危機期」（大概1歲9個月左右），自我意識越來越強的時候，我們請他把東西放回去他就會越來越不願意配合，並且開始反抗、出現哭鬧等情緒。

於是，在羽辰2歲左右我和太太就有兩個做法：

❶ 我們開始在出門前先跟他「事前約定」

「羽辰，今天出去的時候，不可以隨便拿別人店裡面的東西喔。如果你有遵守約定，爸爸媽媽會覺得你有進步。」（※給孩子目標：瞭解「別人店裡面的東西是不可以隨便拿的」）

❷ 平常出去散步的時候，偶爾會帶他到附近的便利商店，讓他選一瓶他想要的小飲料

「羽辰，等一下我們去到7-11，你可以到飲料區選一瓶你想要的飲料。」通常他都會選固定的一、兩種（養樂多），然後讓他自己拿到櫃檯結帳，再跟櫃檯阿姨說「謝謝阿姨」。（※讓他瞭解：「東西不是拿了就可以走，是要付錢才可以把它帶回家的」）

那陣子當他在商店或百貨公司亂拿東西的時候，我們會提醒他要放回去，有時候他也會被店員提醒。在被提醒的當下有時候他會大哭，但只要我們不以挑釁孩子情緒的方式回應他，並轉移他的注意力，通常過一陣子他就會緩和下來（大概5～10分鐘）。（※同理但不處理、不要坐以待斃、轉移孩子注意力）

如果他那天出去沒有隨便拿東西，回到家我們就會嘉許他說：「羽宸你今天沒有拿別人店裡的東西，有進步喔，媽媽覺得你很棒。」記得要給予的是具體、真誠的肯定，而不是浮誇的讚美。

（※詳見提醒四步驟4）

如果我們原則堅定，到了3歲左右孩子就比較不會隨便亂拿東西了。這是孩子探索環境的必經過程，從中瞭解環境規範與自己可以／不可以做什麼事情。只要我們有原則，「隨便拿東西」的問題就會減輕。

但3歲過後孩子會開始出現另外一種更難搞、更讓家長頭痛的情況：就是要把想要的東西買回家，或是到別人家裡看到喜歡的玩具就想要借回家。如果大人說不行他就會用盡各種方法跟大人耍賴，達不到目的誓不罷休。這種情形，常常都會讓本來心情十分愉快帶孩子出來的父母很火大，最後狠狠修理孩子一頓，弄得兩敗俱傷。

這種情況父母要怎麼應對呢？我們會在以後的章節講到。**（※詳見p.192【CASE19】到玩具店一直說要買玩具、耍賴、大哭）**

1.5~3歲
問題行為

不守規矩、打擾別人

發展階段 探索環境
解決方法 兩個選擇、經驗後果、提醒四步驟

CASE 16

孩子故意在公共場合亂叫，試圖引起爸媽注意

涵涵媽媽：「涵涵現在2歲半，帶她外出時，有時周圍人太多，她會有點『人來瘋』，似乎想藉由尖叫來引起爸媽的注意，我跟爸爸『唸』過她好幾次，但她還是時不時會發出尖叫，該怎麼做才能讓她停止這樣的行為呢？」

羅寶鴻老師：「唯有讓孩子體驗錯誤選擇後的結果，她才能真正地學習。」

我們說過蒙特梭利教育的規範，是用以培養孩子瞭解「尊重自己、尊重別人、尊重環境」的約束。所以當孩子的行為已經不尊重自己、不尊重別人，或不尊重環境的時候，成人就需要當下介入給予提醒與規範。

羽辰2歲半時，有一天中午我和太太帶著他跟一位老師朋友聚餐。到了餐廳後，可能是因為餐廳太吵鬧、還是「人來瘋」的關係，羽辰少有地出現了一些異常表現——他開始偶爾會發出短暫的尖叫聲。

媽媽聽到後當下給予提醒：「羽辰，這樣叫會打擾到別人喔，請你不要這樣。」羽辰當下沒有繼續。

但過了一陣子羽辰又再尖叫一聲，媽媽又再提醒他一次，羽辰只是笑笑。

我開始觀察羽辰，嘗試瞭解他這樣的原因；一下子後，羽辰又尖叫了，而且是笑笑地叫。（※故意挑戰環境規範）

於是，我就對他說：「羽辰，你要安靜地在這邊，跟我們一起吃東西；還是要繼續叫，我把你帶出去？」（※兩個選擇）

羽辰說：「ㄜ，要在這邊。」我就說：「好。」

果然，一陣子後他又尖叫了。（果然如我所料）

於是，我就對羽辰以柔軟的語氣說：「羽辰，爸爸抱抱喔。」並以緩和、優雅的方式把他抱起來，並開始離開座位、往門口走……（※讓孩子經驗選擇後的結果）

這時候羽辰對我說：「不要。」他知道我要把他抱出去，但因為我沒有用任何挑釁他情緒的方式，所以他也沒有很大的情緒表現。

等我優雅地把他抱出餐廳外面後，我就把他放下來。我臉上沒有笑容，看著他的雙眼、用溫和但堅定的語氣對他說：「你現在沒，有，辦，法，進去了。」這時候，他知道選擇繼續叫的結果是什麼了。

他看著我，皺著眉頭有點傷心並逞強地說：「不要！」

我看著他雙眼，頓了三秒……**（※營造戲劇張力）**然後我說：「那我可以相信你現在進去之後，會遵守約定不再叫嗎？」**（※提醒四步驟3）**

羽辰看著我說：「可以！」

我就笑笑地、邊點頭邊對他說：「好，爸爸相信你！我們進去吧！」**（※提醒四步驟 4）**

於是，我們回到餐廳裡面；進去的時候我沒有牽著他的手，而是讓他自己走回去，代表我對他的信任。羽辰回到座位後，媽媽也很有智慧地處理，完全沒有說任何「落井下石」的話。果然，羽辰就沒有再尖叫了，我們於是度過了一個愉快的下午。

蒙特梭利
觀點

1歲半～3歲：孩子正在探索並學習環境該有的規範

——家長要做的不是「罵到他聽話」，而是讓他經驗選擇後的結果

在公眾場合亂叫，是會打擾到別人的行為。在我們同理孩子做出這種事的背後原因的同時，也

應該使用有效率的方法，來幫助孩子學習正確規範。

1歲半到3歲的孩子，正在探索與學習環境該有的規範，同時也處於「自我認同危機期」，對於我們的提醒很可能會故意不遵守，來挑戰規範與測試我們的底線。

這是孩子學習的必經過程；要給予孩子更好的教育，我們要做的不是「罵到他聽話」，而是要讓他經驗錯誤選擇後的結果，他才會有真正的學習。

注意事項

不要強迫1歲半~3歲的孩子久坐，這階段的孩子坐不住是正常的

爸爸媽媽必需要瞭解：這階段的孩子到餐廳吃飯，是沒有辦法待太久的，大概半小時左右就會坐不住。如果有事情讓他做（keep him self-occupied）勉強可以讓他再坐久一點，但不太可能坐上一、兩個小時都不吵鬧。（除非睡著了！）

建議當孩子坐不住的時候不要一直勉強他坐著，更不要嚴厲地對他說「你再不坐好下次就不帶你出來囉」這種話；雖然這樣會有阻嚇效果，但並沒有教育效果；他坐不住不是因為他故意不乖，而是因為意志力與控制力不足，何必罵他呢？

建議這時候成人要適時地帶他離開座位走走，看看周遭的環境、到餐廳外面散散步、逛一下之後再回到座位。

1.5~3歲
問題行為

自我中心、控制力弱

發展階段　自我認同危機期

解決方法　兩個選擇、秋後算帳

CASE 17

孩子愛推別人、搶別人玩具

翔翔媽媽：「兒子2歲4個月大，只要覺得其他小朋友會來搶他正在玩的東西，就會動手推人。有一次他在百貨公司玩軌道遊戲組，有個小男生才走到他旁邊，翔翔就動手推對方。我當下嚴厲地跟他說不可以。不久後翔翔還是再次推那個小男孩說：『不可以，這是我的！』對方媽媽非常生氣，我和兒子溝通很久，他才向對方道歉。請問這種情況該怎麼處理？」

羅寶鴻老師：「這是孩子在2～3歲發展中常出現的行為（尤其是男生），不是他『故意不聽話』或『講都講不聽』。若有需要，家長可以用『溫和、穩定』的態度介入。」

2歲多的孩子在跟其他小朋友玩的時候，出現搶別人玩具、推別人行為是很正常的（幾乎每天都有家長問這問題）。因為這年齡孩子正處於「自我認同危機期」（Crisis of Self－Affirmation），自我中心的心態會很強，驅使他去做這些「想要的就搶過來，不想要的就推開」的事情。

而且他也尚未習得正確的社會化行為，懂得詢問：「請問我可以跟你借嗎？」「請借過好嗎？」更不懂得以禮讓的方式對待其他孩子；所以，我們會在孩子身上看到動物本能的展現——例如，比他大的他不敢碰，但比他小的他就會動手，這是很正常的。

此外，孩子在3歲前內在衝動（inner impulse）會比他後天才習得的自我控制力（self control）與意志力（will）強，所以就算他知道不應該搶別人玩具或推別人、就算他才剛被媽媽提醒過，他有時候也是會忍不住、忘記。這是孩子在2~3歲發展中常出現的行為（尤其是男生）；我會建議媽媽放寬心，因為這不是他「故意不聽話」、或者「講都講不聽」。

蒙特梭利
觀點

「自我認同危機期」時，內在衝動驅使孩子「想要就搶，不想要就推開」

——家長近距離陪伴，觀察孩子與其他小孩的互動，必要時以「溫和、穩定」的態度提醒

在這段期間，媽媽可以近距離地陪在他旁邊，觀察他跟其他孩子互動的情形。若有需要（例如孩子推人／搶別人玩具），基於安全考量媽媽可以當下介入，但注意要以「溫和、穩定」的態度來介入。

有些父母會認為：「孩子的爭執，應該要讓孩子自己處理，我們不應該替孩子解決問題，否則

會養成他們的依賴。」這句話對不對呢？其實這句話本身是沒有錯的，但是要用在「已經懂得如何處理爭執」的孩子身上。3歲以下的孩子，還不懂得如何處理爭執、甚至不懂得如何保護自己，所以成人需要給予示範與協助。

建議媽媽此時可以這麼做：

❶ 先安撫受委屈的孩子，就能讓孩子知道冒犯了別人

媽媽可以先安撫受委屈的孩子，例如用同理的語氣對他說：「喔，我剛剛看到你被別人推了……你覺得有點傷心是不是？」「我看到你的玩具被別人拿走了……你是不是有點傷心？」在安撫對方的同時，孩子也會瞭解到他冒犯了別人。

❷ 別急著要求孩子說「對不起」

孩子在這階段跟別的孩子玩的時候，如果有別的孩子侵犯了他的安全範圍、干擾他做事、或者搶他玩具，他很容易會因為本能所使而攻擊對方。當對方哭的時候，他也會同理對方、覺得對方很可憐，但有趣的是他不會覺得自己是不對的。因為這時候的孩子尚未社會化，沒有足夠經驗理解這些事。所以成人不用急著要求孩子要跟對方說「對不起」。就算他被你強迫跟對方說了「對不起」，他也不會學習到什麼。

③再重申規範，確立原則

用溫和的態度來同理對方後，媽媽可以再跟大家重申規範、確立規則，用溫和的語氣提醒孩子：「我們不推別人喔」，或者是「這是別人的玩具喔，你有先問過別人再跟他拿嗎？」並邀請孩子把玩具還給別人。

記住這時候的語言要簡潔有力，尤其不要在這時候質問孩子：「你為什麼要推別人呢？」「你為什麼搶別人的玩具呢？」這些話在這種情況是多餘且沒有教育意義的，因為孩子在當下就是控制不住。

同時，建議媽媽不要「當下嚴厲地跟他說不可以」。當別的孩子媽媽看到你很穩定的樣子，才會比較放心交給你處理。

根據我在幼兒園的經驗，當老師用同理且溫和的方式來處理孩子爭執的時候，孩子會有安全感，冒犯別人的行為也會逐漸減輕。但當有些老師用比較嚴厲的方式來處理時，不但沒辦法解決問題，反而會讓孩子的衝突增加。我想，這是因為孩子也吸收了成人對立的負面能量吧。

蒙特梭利觀點

孩子不願意把玩具還人時的「兩個選擇」

——將希望孩子選的選項放在後面

若孩子還是不願意把玩具還給別人，你可以給予他「兩個選擇」：「那你要不還給別人，我們現在就離開；還是你要把玩具還給別人，我們繼續玩？」

通常你把「我們繼續玩」放在後面，孩子的回答會是：「要繼續玩。」

必要時，媽媽可以用溫和、不著痕跡的方式將孩子帶離現場，過一陣子再回去玩。例如可以對孩子說：「來，我們先不玩喔，媽媽要先買個東西等一下再回來」將他帶開，而不是說：「哼！你這樣一直不乖我們不玩了！」要用一個比較不挑釁孩子情緒的方式將孩子帶走。

當然他還是可能會哭；若有這種情形，請參考「Case 19 到玩具店一直說要買玩具、耍賴、大哭」這篇文章的做法。

在事後當天，例如晚上睡覺前，要跟孩子以「簡潔」的方式討論今天他推人的事件，並且和孩子重新約定：「下次去外面玩的時候不推別人；如果推別人，我們就會離開沒辦法再玩。」（**※秋後算帳**）

然後，在以後出去前先提醒他這個約定（**※事前提醒**）；到了外面他若再犯，提醒過還是無效，就要帶他離開，沒辦法繼續玩。

這不是「處罰」孩子，而是為了「避免孩子不尊重別人」，同時讓他經驗自己選擇後的結果，從中慢慢學習修正自己的行為。

1.5~3歲
問題行為

在外不肯讓大人牽手

發展階段 探索環境

解決方法 不可讓孩子選擇，成人必須給予限制

CASE 18

孩子在外面亂跑不想被大人牽著

貝貝媽媽：「女兒現在2歲半，過馬路都不想讓我們牽著，到公眾場合也是亂跑，牽著她就大哭不願意走，請問該怎麼辦呢？」

羅寶鴻老師：「過馬路要不要讓大人牽著，這不是孩子可以選擇的。」

蒙特梭利
觀點

我們可以同理孩子不尊重自己、別人、環境的行為，但不代表要順從他

在我的講座「爸爸媽媽備忘錄」裡面有一句話：「別讓我養成壞習慣。在年幼的此刻，我得依靠你來分辨。」

我常跟家長分享：「在沒有立即危險，沒有不尊重自己、不尊重別人、不尊重環境」的前提下，我們可以允許孩子探索環境，自由活動。但當他做的事情違反以上原則的時候，成人必須要給予限制，避免孩子發生危險或養成不好的習慣。

「過馬路要不要讓大人牽著」是有立即危險的議題，不是孩子可以選擇的。

同樣的，在公眾場合到處亂跑，不但影響別人、更可能會對自身造成危險，我們成人也必須給予限制。

如果牽著他就大哭不願意走，我們可以「同理」孩子，但不代表我們要「順從」孩子。「同理」是我們理解孩子行為的心態，但「順從」是我們允許孩子行為的決定。**任何事情我們都可以同理，但並非任何事情我們都應該順從。**

我們可以同理孩子不尊重自己、不尊重別人、不尊重環境的行為，但不代表我們要順從他繼續做。在這些時候大人有沒有做正確的決定，會比孩子高不高興更重要。

對孩子這種行為，我們要有配套做法：

❶**確立原則**：在燈光美、氣氛佳的時候，跟孩子討論這件事情。告訴孩子過馬路的危險，以及萬一沒有牽著手而發生意外，會有什麼樣的後果。所以，過馬路一定要牽著大人的手，這是不能選擇的事。

❷**事前約定**：然後跟孩子約定以後過馬路要牽著大人的手。如果遵守約定，我們就可以去想去的地方；但如果沒有遵守約定，我們就只能回家。

❸**實際演練**：先選擇一個離家裡不遠，需要過馬路的地方（例如住家附近的便利商店）演練。告知孩子要帶他到那裡。出門前，再提醒孩子必須遵守約定。

❹**兩個選擇**：跟孩子一起出門；過馬路時，牽著孩子的手。若他願意，當下給予肯定。若他不願意牽著手，則給予兩個選擇：「你要跟媽媽牽手，可以去便利商店；還是你不要跟媽媽牽手，沒得去便利商店？」

❺**堅持原則**：若他選擇願意，當下給予肯定。若他選擇不願意，就帶他回家，讓他經驗選擇後的結果。

❻**秋後算帳**：晚上睡覺以前，針對這件事情用簡潔的方式討論。（※**請參照第三章「秋後算帳」**）

蒙特梭利
觀點

在過度限制環境下長大的孩子，反而容易發生危險

還有一點需要補充：如果孩子從小在一個常被限制的環境下長大，家裡大人常常都不准他做這個、不准他做那個……孩子無形中就會感覺自己像坐牢一樣，內心會很匱乏、很不滿足。當他被帶到外面的時候就會有一種「被解放」的感覺，很想要到處亂衝亂跑釋放內心的負面能量，而且不想給大人牽著。大人越要控制他，他就會越抗拒。

同時，因為這種孩子從小被過度限制，缺乏動作發展與全身平衡的協調，所以通常他們的動作都是粗糙的，常會亂碰亂撞無法控制自己，比較容易發生危險，以致家長不放心讓他們到處跑，結果又給予他們更多限制，讓他們更沮喪，令這個問題不斷惡性循環下去。

要怎麼幫助這些孩子呢？記住：**缺乏動作發展的孩子，還是要讓他發展動作，他的內在需求才會滿足，才能解決這問題，不能因為他動作粗糙就一直限制他**。但帶孩子去活動以前，需要用上述的方式跟孩子確立原則、事前約定，並給予他許多機會練習，讓他一步一步慢慢做到，漸漸彌補內心的匱乏。

所以從小給予孩子自由，「在沒有立即危險下，允許孩子探索環境」真的能避免以後很多不必要的困擾！如果我們大人「怕麻煩」，在孩子小時候什麼都不給他摸、不給他碰，以後孩子長大我們就只會「更麻煩」啊！

老師！我有疑問！

家長提問 Q&A

Q

孩子不會玩時就哭、還會生氣把玩具踢開？

我有一個剛滿1歲的寶寶，我陪他玩玩具時發現他只要不太會玩時就哭，還會生氣把玩具踢開，目前我都是採取鼓勵他的方式。請問有什麼方法可以培養寶寶的受挫折力嗎？

A

以「最少的幫忙」來協助孩子「讓他自己做到」。

我的建議是：

❶ 如果想要幫助他，媽媽就要在孩子玩的時候進行觀察，瞭解孩子是哪裡不會，遇到什麼困難；

❷ 當孩子有情緒時，可以淡定地過去，以同理的態度詢問他：「你好像遇到困難了，需要媽媽幫忙嗎？」

❸ 若他表示「要」，就協助孩子把他想要做到的事情做到；

❹ 但在協助時必須注意：我們要以「最少的幫忙」來協助孩子「讓他自己做到」，而不是「一次到位什麼都替他做好」。

❺ 另一種協助是：我們可以示範給他看要怎麼做，然後再讓他做一次。例如他不懂得把套環放到柱子裡，我們可以動作緩慢、清楚地示範一次給他看；然後，再把套環

拿出，讓他獨立練習。

❻注意對於3歲以下的孩子，我們的示範不要太久，要我們做一點、他們做一點，讓他有參與感，才會持續引起他的興趣與專注。否則，他很容易會看到一半，就失去興趣走掉了。

❼「培養寶寶的受挫折力」這個議題非常大，簡單來講成人要：

1. 幫助孩子發展獨立；
2. 幫助孩子發展動作與意志；
3. 幫助孩子建立自信心與自尊心。
4. 成人要有「以錯誤為友」的態度。

這幾方面的具體做法，在YouTube的「蒙特梭利教育理論——線上直播」錄影「人類傾向」第一集裡面有提到，建議可以找時間觀看，從中尋找答案。

線上直播
QRCODE

Q

只要爸爸在家，孩子就不要媽媽？

孩子現在1歲10個多月，每天跟我黏在一起的兒子，應該跟我是最親的；但是只要爸爸提早下班或是放假在家，小孩的情緒都會變得不穩，而且作息會亂掉，然後很黏爸爸，有爸爸在就不要媽媽，我想知道是為什麼？

A

爸爸能給予有別於媽媽的刺激、思維，孩子會十分感興趣。

我的建議是：

❶「只要爸爸提早下班或是放假在家，小孩的情緒都會變得不穩，而且作息會亂掉」——這是因為爸爸「提早下班或是放假在家」的時候，孩子跟媽媽每天培養的固有秩序被多一個人打亂掉，而當內在秩序感混亂時，孩子的外在行為就會有「情緒會變不穩，而且作息會亂掉」等情形。

❷「只要爸爸提早下班或是放假在家，就會很黏爸爸，有爸爸在就不要媽媽」——是因為相較於媽媽，孩子比較少跟爸爸在一起；所以爸爸在的時候就會想跟爸爸多互動，這是很好、而且很自然的事，因為這是建立在父子關係良好前提下的好現象。而且，孩子也需要透過父親來瞭解男性的特徵。

❸有些東西例如男性的表達方式、行為模式是媽媽沒有辦法讓孩子知道的，只能透過爸爸展現，所以多跟爸爸互動能讓孩子更瞭解男女性的差異，同時爸爸也能給予有別於媽媽的刺激、思維，孩子會十分感興趣。所以常常陪在媽媽身邊的孩子，在爸爸出現的時候，自然會想要多接近這「新刺激」。

❹孩子之所以有情緒、作息混亂，是因為孩子平常的生活秩序感被影響；而孩子之所以有爸爸就不要媽媽，是因為父親能給予有別於母親的不同刺激。所以希望先生能夠瞭解、體諒這並不是媽媽的問題，而是爸爸的吸引力讓孩子的固有軌跡偏離了軌道所致。

❺同時，我會建議在吃完晚餐後，爸爸就不要再跟孩子玩太興奮、太刺激的遊戲，以免影響孩子之後的入眠。父子之間可以做一些靜態的活動如講故事、玩積木、拼圖，或其他動手操作的活動……等。

❻當睡覺時間到了，若可以的話——也希望爸爸可以負責帶孩子去準備睡覺：一起收拾玩具，再帶孩子上廁所、刷牙、換上睡衣……然後陪孩子上床，把燈光調暗，在床邊跟孩子講個溫馨的睡前故事，最後幫孩子蓋上被子、跟孩子kiss goodnight，再讓媽媽接手……這是多麼棒的親子互動！我在家裡都是這樣的，因為作為一個爸爸，一輩子能跟孩子有這麼親暱的互動時間實在不多！孩子很快就會長大了，要珍惜他還能給我們抱、給我們親的時間啊！

我常說：「孩子的教育，不能沒有爸爸；幸福的家庭，必須要爸爸協助。」父親的角色何其重要，希望爸爸也能瞭解孩子的需求，盡一份力量幫助孩子發展。千萬不要把孩子搞得太high之後，就把這「爛攤子」丟給太太處理，這樣不只太太為難，孩子一直不睡哭鬧你也痛苦。希望我們的家庭都能建立在「瞭解孩子需求」、「夫妻彼此幫忙」的共識下，日漸幸福，日漸美滿！

Q

孩子不跟長輩打招呼？

兒子現在2歲3個月，他對玩具會說bye-bye，對小朋友會說bye-bye，但就是不跟自己的家人說bye-bye，要他說他就回我：「我不要跟阿公（阿嬤阿姨等）說bye-bye。」我應該如何引導呢？

A

孩子尚未開始發展「社會性行為」，在對人或長輩上不懂得該有的禮貌與應對，是很正常的。

很多父母也曾問過我這個問題，我常覺得這不是媽媽不瞭解孩子發展，而是媽媽有長輩和其他人的壓力，所以反而把一件自然的事情弄得很不自然，好像孩子不打招呼就不行，不打招呼就教育失敗，但其實孩子的發展是有階段性的，我的建議是：

❶大人要多在孩子前示範問安與道別；

❷大人示範後再邀請孩子說（不要大人沒做就要求孩子叫人）；

❸但若孩子沒有說不要強迫他，或說些責備他的話，例如「怎麼都不叫人呢？」「怎麼這麼沒禮貌呢？」

❹到了3歲以後，若環境都有正確身教，孩子會自然慢慢開始說。

注意這年紀1歲半～3歲的孩子正值「自我認同危機期」，是比較叛逆的，所以你要他說，他可能會故意跟你唱反調。所以處理這種情況，要有善巧的方式，不要一味地強迫孩子。

Q 孩子不吃青菜怎麼辦？

孩子1歲9個月，我跟爸爸姊姊都不挑食，所以弟弟並沒有挑食的壞榜樣。但他自從開始練習吃飯，就「自動」會挑食，只挑他想吃的食材。有人建議把菜剪得小小的，但他就整口吃再整口吐出來，因為裡頭有小小片的菜……我該怎麼找出他挑食的原因？也許找出來之後比較好對症下藥。

A 一開始只要求孩子吃一點點，逐漸讓他適應。

6歲以前的孩子味覺與嗅覺普遍比成人敏銳許多，很多時候小朋友不吃某些青菜是因為他們覺得味道苦苦的，原因在此。例如有些小孩很怕吃菠菜因為覺得很辣，有些小朋友怕吃茄子，有些小朋友不愛吃苦瓜，但並非每一個小朋友都這樣。通常孩子長大以後，對小時候不愛吃的東西就不會再抗拒。例如我小時候也不愛吃菜，但我現在吃什麼菜都沒問題。（唯一一種食物——內臟類，我到現在還是不喜歡吃。）

所以與其用「作弊」的方式把它弄得碎碎的混在飯裡面，不如光明正大地準備好，但一開始只要求孩子吃一點點，逐漸讓他適應。建議一次一點點慢慢適應，會比一次給很多、不吃就不能離開餐桌，或沒得玩來得更好。

蔬菜有很多種，嘗試找到他不抗拒的，例如綠花椰菜一般孩子不太會抗拒（或許跟造型可愛有關），水果類也可以多吃一點來補充纖維質。

Q 孩子喜歡一直洗手玩水？

我兒子剛滿2歲，喜歡玩肥皂泡泡洗手，但已經洗了兩次了，我跟他說這是最後一次了，他都說好！結束之後卻又要再玩，不給就生氣，拿起旁邊的衛生紙丟在地上。有時跟他講道理會懂，有時卻行不通，該怎麼處理呢？

A

對於2歲的孩子來講，「水和泡泡」是他們非常感興趣的，2歲孩子的意志力還沒有辦法抑制內在的衝動，所以其實他不是故意「不聽話」，而是「無法控制」。

我兒子2歲時也是會這樣。如果不趕時間，我會讓他洗到滿足再出來。通常，他會洗個20分鐘到半小時，邊洗邊唱歌、邊玩水十分享受。但可用水槽下方的出水栓將出水量調小，這樣就不會太浪費水資源了。若地板濕掉，可以預備拖把，等孩子洗完後把地板拖乾再出來。

不用擔心他會「養成壞習慣」，因為孩子的興趣是階段性的。一般來講，孩子大概會洗個三個月左右，洗到他內在發展需求被滿足後，就會正常洗手。換句話說，現在正是他「很喜歡自己練習洗手」的階段，在情況允許下，可以讓他自己在裡面練習。

但如果趕時間，媽媽可以陪著他洗手，洗完手就替他把水龍頭關掉、擦手帶出來。

在蒙特梭利1～3歲、3～6歲兩個不同年齡層的環境裡，都有「洗手」這項工作提供給孩子，足見水和泡泡的吸引力。透過這項工作我們可以培養孩子獨立、發展孩子動作、專注、意志及秩序感，何樂而不為呢？所以在沒有立即危險、沒有傷害別人、傷害環境的前提下，我們應該要允許孩子多做對他發展有幫助的事，尤其是日常生活上的練習。

Q

孩子在探索時給予稱讚，會讓他有信心嗎？在旁的陪伴者要用什麼心態去面對孩子的進步呢？

A

成人的稱讚，對孩子發展來講只是「錦上添花」的小點綴，不是他獲得自信心與否的關鍵。

「探索」是人類與生俱來的潛能，孩子透過對環境的探索會習得動作、秩序感、專注、意志力、獨立、適應環境等能力，獲得生、心理發展上的滿足，並透過探索瞭解自己有影響環境的能力，而逐漸產生對自身的信心。

所以，信心不是透過別人稱讚而來，而是透過自身探索環境來的。我們成人的稱讚，對孩子發展來講只是「錦上添花」的小點綴，不是他獲得自信心與否的關鍵。關鍵在於「在孩子沒有立即危險下，我們是否允許他探索環境」，讓他從探索環境中培養「相信自己」的心。

補充一點：對於孩子發自內心的探索，成人不必讚美。但等到孩子大一點，到了他可以獨立做到一些照顧自己、照顧環境的事情，例如回到家自己會脫襪子、可以幫忙把用完的碗拿到廚房……等時，就可以給予「具體、真誠」的嘉許，例如：「你把吃完飯的碗拿過來了，謝謝你！」「你把自己的襪子脫下來了，謝謝！」透過讚美，強化孩子的責任心。

至於，「在旁的陪伴者要用甚麼方式去面對他的進步？」當然可以用喜悅的心情來面對啦（我也是這樣的），但對孩子的嘉許要注意：

❶在他專注時不要給予，以免打斷他的專注；

❷事後可以給予，但我們的態度要誠懇，不要用過度浮誇的讚美（例如才藝課老師上課時為了搞氣氛那種戲劇化的表演）來稱讚孩子，否則容易養成孩子常常做一點事，就會過來跟大人炫耀、索取讚美的結果。

CHAPTER 5

讀懂3～6歲孩子生心理發展，沒有學不會規矩的孩子

孩子不是故意不聽話，用對方法，他就能養成自律的習慣

3～6歲，隨著「我」的自我認同已經確立，
這階段的孩子會比上一個階段更獨立、
更有意識地從事自己有興趣的事情。
只要持續進行3歲前正確給予規範的方式，
隨著意志力與自我控制力逐漸增加、外在紀律慢慢被孩子
內化，最終就能培養出一個「自律」的孩子。

羅老師

3~6歲

心理發展重點 & 問題行為

月・年齡	3~6歲
發展階段	紀律逐漸內化

身心發展特色與注意事項

身心發展特色

- 隨著「我」的概念已經確定，孩子會更有意識地從事自己有興趣的事情，並透過雙手操作來持續發展心智。
- 進入動作精練的敏感期。
- 自我控制力比較強，所以自律性也會比之前好。
- 逐漸開始發展出寫與讀的能力。
- 意志力比之前強，想要自己獨立決定並執行一些事情。
- 適應能力比較強，對秩序的改變會較之前能適應。
- 比較不自我中心，並開始發展社會性行為，樂於助人。

注意事項

- 孩子這階段需要的是真實資訊，來建構適應環境的真實心智，而不是虛幻、虛假的資訊。應避免讓孩子接觸過多的卡通與玩具。
- 在此階段，我們仍需透過給予孩子自由，幫助他發展獨立與自主的能力。
- 孩子沒有主動要求，我們不需要主動去干涉他的活動、或協助他。

可能被視為問題的行為・問題行為

- 到玩具店一直說要買玩具、耍賴、大哭（P.192）
- 不高興會說「都是媽媽害的」、「我討厭媽媽」（P.198）
- 對大人說話不禮貌（P.202）
- 大人正在忙，孩子卻一直問個不停（P.205）
- 不收玩具（P.208）
- 說不要上學（P.212）
- 自己忘記帶玩具，卻跟爸媽鬧脾氣（P.217）

孩子的發展特點與內在需求

自我已經確立，更有意識地去做有興趣的事情

隨著「我」的概念已經確定，孩子會更有意識地從事自己有興趣的事情，孩子這階段需要的是日常生活上真實的事物，來建構適應環境的真實心智。

到了3歲，隨著「我」的自我認同已經確立，孩子會更有意識、更主動地在環境中從事各種探索與學習，並對他喜歡的東西產生濃厚興趣。這階段的孩子會比上一個階段更獨立、更有主見，出現更多自己的主意與想法。

蒙特梭利**觀點**

3~6歲，孩子的自我控制力、意志力、獨立性增強

❶ 孩子這階段需要的是真實資訊（日常生活上真實的事物）來建構適應環境的真實心智，而不是虛幻、虛假的資訊。應避免讓孩子接觸過多的卡通與玩具。

❷ 隨著「我」的概念已經確定，孩子會更有意識地從事自己有興趣的事情，並透過雙手操作

來持續發展心智。

❸ 在心理上、或生理上，都比上一個階段（0～3歲）更獨立了，會變得越來越有主見。

❹ 進入動作精練的敏感期（refinement period），動作會比上階段更精練。

❺ 自我控制力比較強，所以自律性也會比之前好。（前提是環境要有良好的自由與紀律平衡）

❻ 逐漸開始發展出寫與讀的能力。（在蒙特梭利語文教育裡面，「寫」（writing）的定義是可以利用活動注音符號來拼湊成一個字，而非只用紙筆來寫字）

❼ 意志力比之前強，想要自己獨立決定並執行一些事情。

❽ 適應能力比較強，對秩序的改變（例如家具被搬動、作息改變）會較之前能夠適應。

❾ 比較不自我中心，並開始發展社會性行為，樂於助人。

蒙特梭利**觀點**

這些狀況下不要提醒或打擾孩子，才不會揠苗助長

❶ 孩子專注在一項活動時，注意不要魯莽打斷他，如同在上一章的說明，這樣很容易會影響他專注力的發展。甚至當孩子在專注時，成人一句不必要的讚美「你好棒喔」，或是摸摸他的頭予以鼓勵，都可能打斷孩子的專注。

❷ 在此階段，我們仍需透過給予孩子自由，幫助他發展獨立自主的能力。若他想自己做一些事，在「不傷害自己、不傷害別人、不傷害環境」前提下，我們應該允許他探索與嘗試。

❸ 同時要記得，在過程中若孩子沒有主動要求，我們不需要主動干涉他的活動、或協助他。

家有3~6歲孩子的父母應具備的觀念

孩子成長最大的動力是自動自發的內在需求

孩子的意志力與控制力，唯有透過他感興趣的工作與活動才得以發展，不會因為我們的責備或處罰而有所提升。

在父母經驗過1歲半~3歲孩子的「自我認同危機期」後，應該已經逐漸養成給予規範的正確方式了。到了3~6歲的階段，只要持續進行3歲前正確給予規範的方式，隨著孩子的意志力與自我控制力逐漸增加、外在紀律慢慢被孩子內化，我們最終就能培養出一個「自律」的孩子。

在一個有良好自由與紀律平衡的環境下，孩子的自律與服從會在5歲左右開始出現。對於孩子自律與服從的養成，蒙特梭利瑪麗亞博士提到0~6歲的孩子會經過三個不同發展過程，稱之為**「服從的三個階段」**（Three Levels of Obedience）。

蒙特梭利
觀點

0～6歲服從的3個階段

——從服從度低到知道規範、瞭解規範、服從規範

【階段1】0～3歲：服從度低，想做什麼就馬上去做，不想做的就很堅持

0～3歲的孩子，主要服從他內在的生命衝動（蒙特梭利博士在《吸收性心智》一書中稱此內在衝動為「赫爾美」——Horme）來做事情，而非外在成人給予的指令。所以我們會發現這年齡的孩子想要做什麼就會馬上去做，不想做的就會很堅持。因為他的內在衝動會大於外界成人的指令與提醒，所以這階段孩子的服從度是很低的。

我們需要以客觀、冷靜的態度來觀察，嘗試瞭解他們內心想要做些什麼事。當我們要他做的事情也是他內心當下想要做的，他就比較會去完成這件事情。

在這階段我們不能期許他會完全做到我們想要的事。而且，很多時候對於我們的話他們也會聽不懂、或沒有辦法服從。

【階段2】3～4歲半：意志力與自我控制能力增加，有時能遵守環境規範、有時沒辦法

隨著後天培養的意志力與自我控制能力逐漸增加，3～4歲半的孩子開始有時候能夠遵守環境規範、有時候沒辦法。但他們通常已經瞭解正確的規範是什麼，只是有時候內在衝動還是會大於自我控制能力。例如在教室的團體討論時間，這年紀的孩子有時候會懂得舉手發言，但興奮的時候就會忍不住衝口而出。

這階段孩子的不穩定，往往會帶給成人很大的困擾。因為在孩子有時候能遵守、有時候又沒遵守之下，成人很容易會誤會孩子是「故意不遵守」規範，並且給予責備。

如果成人一直與孩子對立，容易造成關係不良的發展。所以對待孩子的錯誤，我們必須有「以錯誤為友」（Be Friends with Mistakes）的觀念：每個人都需要經過許多錯誤才會成長，孩子在這階段的犯錯、或一再不遵守規範，很多時候是因為「忘記」而不是「故意」，我們對孩子要有包容與耐心，不要處處責備孩子。

我們更要瞭解一個真相：**孩子的意志力與控制力，唯有透過他自發性（感興趣）的工作與活動才得以發展，不會因為我們的責備或處罰而有所提升。**

〔階段3〕4歲半～6歲：知道規範、瞭解規範、服從規範

4歲半～6歲的孩子已經知道規範、瞭解規範，並且能服從規範了。甚至有時候他們不認同規範也能夠去服從，因為他們知道遵守規範才是正確的、是對大家都好的。

例如，戶外活動時間已經結束了，雖然他還想要繼續玩，但他們已經能夠克制自己、並服從這指令。

如果到了這年紀，孩子還經常不服從規範、常常或故意唱反調，就可能代表著：

❶ 環境中有妨礙自由與紀律發展的因素；

❷ 孩子有些內在發展需求沒有被滿足，例如安全感、信任感、獨立、動作發展，或自信的需

求沒有被回應到，以致心靈上的匱乏逐漸演變成行為上的偏差。我們若能找到問題在哪並且加以改善，就有辦法幫助孩子減輕內心的不滿足，重新建立規範。

注意事項

成人給予規範時的 6 大注意事項

1. 給予的規範必須明確、清楚。
2. 規範必須告知孩子，讓孩子瞭解，並與孩子約定。
3. 若孩子沒有遵守約定，提醒兩次以後孩子仍然不接受提醒，就要「付諸行動」。
4. 讓孩子「經驗選擇後的結果」。
5. 注意父母不可縱容孩子違反規範（license），或對規範搖擺不定（inconsistent）。
6. 父母是孩子學習最重要的楷模，注意自己也要遵循環境規範。

蒙特梭利觀點

4 歲半～6 歲孩子還沒養成自律習慣，問題通常出在成人身上

經常有家長問：「如果孩子已經4歲半～6歲（甚至更大），但還沒養成自律的習慣該怎麼辦呢？」「養成自律」就好比「養成良好習慣」；若好習慣沒養成，我們可以檢視到底什麼地方出了問題。通常，問題都是出在「成人」身上：

❶ **成人對「自由與紀律」不瞭解**：誤以為放縱就是自由，或自己也不清楚孩子應該要有什麼規範，什麼是可以、什麼是不可以的。

❷ **成人沒有明確告知孩子規範是什麼**：沒有跟孩子說明，也沒有約定好；當孩子沒有遵循規範時，也沒有提醒孩子、或採取有效的方法（提醒四步驟、兩個選擇）。

❸ **給予的規範沒有原則**：當孩子違反規範的時候，成人無法堅持原則，放過了孩子；或只會一直重複提醒孩子，但沒有讓孩子經驗選擇後的結果。

❹ **維持原則的方法錯誤**：例如用打、罵、落井下石的方式。

❺ **成人不給予孩子選擇**：從小都沒有培養孩子選擇能力，或當孩子不遵守規範時，習慣直接用威脅、恐嚇的方式，而非給予孩子兩個選擇。

❻ **沒有讓孩子承受選擇後的結果**：因為不忍心孩子被「處罰」，所以處處替孩子迴避該承受的結果。

❼ **成人本身是錯誤的示範**：成人自己也不遵守環境的規範，成為孩子的不良示範。

要讓孩子真正養成自律的習慣，成人可以檢視自己有沒有以上問題，問題修正後，再重新用正確的方式給予孩子規範。「壞習慣是養成的，好習慣也是養成的」，只要方向與方法正確，有恆心毅力，孩子就會慢慢做到了。

3~6歲 問題行為

不讓他買玩具就哭、耍賴鬧脾氣

發展階段 紀律逐漸內化

解決方法 堅持原則、同理但不處理、不挑釁孩子情緒、不坐以待斃

CASE 19

到玩具店一直說要買玩具、耍賴、大哭

小莞媽媽：「女兒今年3歲半，每次帶她去逛街，總是敗興而歸。她只要看到喜歡的東西，就會要求大人買給她，拒絕她就賴在賣場地上大哭大鬧，引得周遭的人議論紛紛，該怎麼跟孩子溝通，才能不讓她這樣鬧呢？」

羅寶鴻老師：「活用『堅持原則』、『同理但不處理』、『不挑釁孩子情緒』、『不要坐以待斃』，以及『轉移孩子注意力』，就能解決孩子耍賴的問題。」

3歲過後，孩子開始出現另外一種很難處理、讓家長很頭痛的情況：就是想要把喜歡的東西買回家，如果大人說不行，他就會一直跟大人耍賴，不達目的誓不罷休。這種情形，常常都會讓本來心情十分愉快帶孩子出來逛街的父母大為光火，最後狠狠修理孩子一頓，弄得兩敗俱傷收場。

我兒子羽辰當然不例外，他也會展現出所有孩子都有的情況。再次證明：老師的孩子也只是孩子而已（笑）。

這情況父母要怎麼應對呢？我們就要把前面學到的各種方法拿來運用：「堅持原則」、「同理但不處理」、「不挑釁孩子情緒」、「不要坐以待斃」，以及「轉移孩子注意力」。

蒙特梭利觀點

孩子哭鬧時，不要用責備、對立繼續挑釁他的情緒

有一次我帶羽辰到SOGO百貨公司，他說很想去玩具部看有沒有「拖吊車」。他那陣子對拖吊車非常有興趣，只要在馬路上他都會一直問有沒有拖吊車；如果有看到，他就會非常高興。

知道他想要去看玩具，我就先跟他約定：「你想要去看有沒有拖吊車是嗎？」

羽辰說：「要。」

我說：「好，那我們先約定，今天我們不買玩具喔。如果你有遵守約定，我們下次就可以再來；但是如果你沒有遵守約定一直耍賴、一直哭說要買，那我們就會馬上離開。你可以遵守約定嗎？」（※不要說沒有遵守約定就「下次不來」，因為我們不可能不再來SOGO；不要用一些我們「說到卻做不到」的事情來跟孩子約定）

羽辰很爽快地說：「可以！」

約定好了，我們就往玩具部前進。我心裡明白他等一下可能會有什麼表現，但我認為這是很好的學習機會，就算他等一下會哭、會耍賴、甚至賴在地上，他也會透過這個經驗瞭解到「不是用哭的、用耍賴的就可以達到目的」。

媽媽有時候也會帶羽辰去百貨公司，在他「再三相求」下媽媽也會帶他到玩具部看玩具車。但根據媽媽的經驗，只要有「事前約定」，大部分時候他都能遵守約定看一下就走，只有少數一、兩次不能自已。這也證明了一個事實：

其實孩子也希望自己變得更好、成為一個更好的人，他不是我們想像中這麼愛耍賴的；只是有時候他控制得住，有時候控制不住。我們應該以相信他的態度允許他嘗試，並根據他的選擇正確與否，讓他經驗不同的結果。

那天我們在玩具部找了很久，看到各種類型的車，但就是沒有拖吊車（可能拖吊車不太受歡迎）。我們找了半天都沒找到只好離開，走的時候竟然看到櫥窗內有一部大大的拖吊車，還是可以變成機器人和車子的那種！羽辰好高興，一直站那邊看著不走，然後不斷對我說：「我真的很喜歡這個拖吊車……爸爸我真的很喜歡這個拖吊車。」

「好，爸爸知道，但我們今天不買玩具喔。」我說。（※堅持原則）

這時候羽辰開始不能自已了，一直指著說：「ㄜ，可是我真的很喜歡這個拖吊車耶……我真的很喜歡……」開始耍賴。

「你很喜歡是嗎？爸爸知道喔。」（※同理但不處理）

「但是我們剛才有約定，今天不買玩具。你要遵守約定下次可以再來，還是你要一直耍賴我們現在就走？」（※重申兩個選擇）

「ㄜ，可是我真的很喜歡這個拖吊車耶……我真的很喜歡……」羽辰繼續耍賴，開始哭了。

於是我就蹲下來，抱抱羽辰說：「是，爸爸也很喜歡喔，但是我們今天不買玩具。」（※堅持原則＋同理但不處理）說著，我就把他抱起來。

他繼續說：「可是我真的很喜歡這個拖吊車耶……我真的很喜歡……」（像唱片跳針一直重複著）

我跟羽辰剛才約定：「如果一直吵我們就離開。」是時候要讓他「經驗錯誤選擇的結果」了。我開始抱著他慢慢離開，同時說：「我知道……來，我們要下去一樓囉。」（※離開現場，不要坐以待斃）

羽辰知道我要離開了，哭得越來越大聲說：「嗚……我想要繼續看！爸爸我真的很喜歡這個拖吊車……」

我說：「嗯，對，爸爸知道。」（※同理但不處理）

「你看，我們要下電扶梯囉，你看要小心喔……」（※轉移他注意力）

羽辰仍然繼續越來越大聲地哭著：「嗚——還要看……嗚——要繼續看！」

但我仍然繼續走，抱著他快速但優雅地離開這「傷心地」。

我把他帶到百貨公司一樓戶外噴水池的大廣場（※轉移他注意力）；這裡他就算哭，殺傷力也不會像在室內這麼大。

到了他最感興趣的噴水池前，我對他說：「你看是噴水池喔，想要過去看嗎？」

羽辰被吸引了：「要。」

我邊點頭邊說：「那我可以相信你現在不會再哭了嗎？」（※詳見提醒四步驟3）

在我這樣引導下，羽辰很自然地說：「可以。」（因為想去看，所以答應不再哭）

於是我就放他下來讓他自己走過去看，很快他心情就轉換了。

從哭開始到最後結束不再哭，整個過程差不多10～15分鐘。羽辰的情緒之所以會緩和下來，主要是因為我沒有用責備、對立等方式繼續挑釁他的情緒。

蒙特梭利觀點

孩子鬧情緒時的3大NG處理方式
──責備、試圖講理、坐以待斃，只會讓爸媽失去理智與判斷

我常跟家長說一個有趣的比喻：孩子在鬧情緒的時候最厲害的就是「梭哈」（show hand），明明他沒有什麼籌碼、也沒有好底牌，但他就是會用整個生命來跟你「梭哈」。他們會用盡全力的哭來告訴你：「我就是要！」因為鬧情緒的時候，孩子都是不理智的。

但往往最後輸的人，都是我們這些既有籌碼底牌又好的爸爸媽媽……為什麼呢？

因為他會哭鬧讓我們失去「理智」與判斷，做出錯誤的選擇。這是他們最厲害之處。

很多父母的問題在於：

〔NG1〕以責備方式挑釁孩子的情緒

很多時候我們沒辦法忍受的，就是孩子一直鬧脾氣的那10～15分鐘。結果我們就用對立、責備的方式，以致孩子更情緒化、場面更難看；或是最後投降、跟他妥協。

〔NG2〕當下試圖說服孩子當個「好孩子」

或者我們會一直很理智地跟孩子解釋與說明，闡述一個「好孩子」應該要懂得道理，希望可以讓他瞭解不再鬧脾氣。但經驗告訴我們，這樣往往都是無效的。

〔NG3〕沒有適時離開現場

等到不可收拾的時候才走，最後只會進退兩難。

所以，孩子在「自我認同危機期」的時候，我們有很多機會練習「事前約定」、「兩個選擇」、「堅持原則」、「同理但不處理」、「不挑釁孩子情緒」、「不要坐以待斃」，以及「分散孩子注意力」。

只要認真練習，一定可以「一步一腳印」，慢慢走出一條康莊大道來的。

3~6歲
問題行為

做錯事會怪罪別人

發展階段 紀律逐漸內化

解決方法 堅持原則、同理但不處理、不挑釁孩子情緒、不坐以待斃

CASE 20

孩子不高興會說「都是媽媽害的」、「我討厭媽媽」

宥心媽媽：「孩子（4歲）做錯事之後一直抱怨『都是媽咪（或爸爸）害的……』之類的話，我覺得這樣很不尊重長輩！該怎麼辦呢？」

羅寶鴻老師：「在1歲半～3歲或3歲半的『自我認同危機期』時，成人若沒有做到『給予孩子選擇的機會』，讓他『經驗選擇後的結果』，孩子就不會學到如何做出正確選擇、並為自己的行為負責任。」

蒙特梭利觀點

跟孩子當好朋友≠捨棄為人父母該有的高度與權威

我的學界好友Yolanda Chang老師有一篇文章，我覺得可以讓有以上問題的父母深入省思，原文如下：

以前的父母外在資訊不多
焦慮感相對低
他們以父性或母性的本能
在陪伴孩子時觀察孩子進而瞭解自己的孩子
他們不會為了討好孩子、取悅孩子
而放棄應有的堅持與父母的責任
他們瞭解父母是孩子的偶像（被模仿的對象）
所以會盡力維持好的形象
他們瞭解父母是孩子最初的老師

所以有威嚴且賞罰分明

他們瞭解父母是孩子最重要的倚靠

所以會照顧好自己的身體與過健康的生活

他們好像比較不害怕被孩子討厭

孩子的情緒勒索也很少成功

簡而言之，是自信吧！

是自信的態度令在一旁的孩子感到安心與放心。

現在很多父母（或長輩）都有一個普遍的問題，就是太害怕被孩子討厭，又太在乎孩子短暫且正常的情緒反應。

誠如Yolanda老師所說，現代爸媽因為少了以往父母「不討好孩子、不取悅孩子」、「不放棄應有的堅持」、「有威嚴且賞罰分明」、「不害怕被孩子討厭」等特質，現在的孩子才會慢慢出現遷怒父母、抱怨父母的習慣。

為什麼現在父母會這樣呢？可能是因為小時候我們都曾經在父母給予我們規範時「不喜歡爸媽」、甚至「討厭爸媽」，所以現在長大自己當父母後不想成為這樣的角色，不希望自己成為一個不被喜歡的爸爸媽媽，讓孩子討厭我們。

其實，「跟孩子當好朋友」沒有問題，「希望孩子快樂」也沒問題；問題是我們不應該捨棄為人父母該有的高度與權威，被孩子騎到頭上，讓孩子失去了對我們該有的尊重。在此必須再強調一次：「權威」並不是憤怒，而是原則。什麼是原則呢？就是在兩個選擇後讓孩子「經驗選擇後結果」的堅持。

蒙特梭利
觀點

孩子3歲半前若沒學習做正確選擇、對自己負責，易將錯誤歸咎父母

孩子會說出「都是媽媽害的」、「我討厭媽媽」的話，通常在3歲半以後開始。在1歲半～3歲或3歲半的「自我認同危機期」時，成人若沒有：

❶ 給予孩子選擇的機會；
❷ 讓他「經驗選擇後的結果」。

孩子就不會學到如何做出正確選擇、並為自己的行為負責任。到了4歲左右被父母提醒或規範的時候，不但還不懂得做正確選擇，而且可能會開始說出「討厭」、「都是媽媽害的」、「我討厭媽媽」等話。

這個問題必須正視，若放著不處理以後可能會養成孩子容易遷怒、推卸責任等習慣。孩子說這

些話也正是他「用情緒來勒索大人」的時候；如果父母沒有正確的觀念，為了討好孩子、取悅孩子而放棄自己應有的堅持，那我們的尊嚴，只會逐漸被孩子踐踏。

這是誰的問題？

是我們自己願意放棄維護尊嚴在先，孩子與生俱來就擁有探索環境、適應環境、挑戰環境與征服環境的本能，我們不能怪孩子。要改善這問題，需要有配套做法：

❶ 父母需要學習用更好的方法來重新教育孩子，特別在給予規範上，建立自己在孩子心中的「權威」（有原則的形象）。當孩子慢慢瞭解到你是一個有「權威」（原則）的人，他就會慢慢懂得尊重你了。所以，在日常生活裡成人需要練習給予孩子「兩個選擇」，並有原則地讓孩子經驗選擇後的結果。（請看第二章「兩個選擇」）

❷ 當孩子出現這些不尊重的話語時，當下要清楚跟孩子說明。

❸ 事後再「秋後算帳」（請看第三章「秋後算帳」）。在適當時機跟孩子討論，並約定以後不講這些不尊重自己、不尊重父母的話。

CASE 21

對老師說話不禮貌（「提醒四步驟」的運用）

某天早上一位小組孩子侑廷（4歲）走進教室，班上小薇老師發現他沒有先整理好自己的隨身物品，於是請他先到外面整理好再進來。雖然好言提醒，但他一直不接受、想要去做別的事。他對老師說：「不要。」

侑廷避開站在前面的老師，走到教具櫃前面要拿教具。小薇老師趨前制止他，並以溫和但堅定的語氣再跟他說：「對不起，我們要一件事情做完再做另一件事喔，請你先把你的東西整理好，就可以工作了。」

侑廷知道沒輒了，他生氣地走出教室，邊走邊說：「哼！討厭！我討厭小薇老師！」

我聽到他這樣說，跟著他出去，走到他身邊蹲下來，用溫和但堅定的態度看著他。這時候，他也看著我……（※詳見「提醒四步驟」前置準備）

我用緩慢、有力的語氣對他說：「侑廷，我剛才聽到你說『我討厭小薇老師』。」（※提醒四步驟1）

在這短暫的片刻，他愣住了。

我繼續說：「這是不禮貌的話。」（※提醒四步驟2）

他還是愣住，繼續聽我說。

我問他：「沒有整理好書包，是老師的問題還是自己的問題？」（※注意：要把「自己的問題」放在後面）

他被我這樣引導，很自然地就說：「自己的問題……」

我邊點頭邊說：「對，很正確。」（※提醒四步驟4）

「那如果是你自己的問題，你怎麼可以對老師講這些不禮貌的話呢？」

他還是楞住了；但從他眼神看得出來，他知道自己講這些話是不對的了。

於是我邊點頭、邊以疑問句問他：「我可以相信你下次不會再講這些不禮貌的話嗎？」（※提醒四步驟3）

侑廷說：「可以。」

得到他的肯定，我笑著對他說：「好的，謝謝你。」（※提醒四步驟4）

於是我回到教室繼續工作，而侑廷也很快地整理好進教室了。在他進來的時候，我看著他邊點頭、邊臉帶笑容地比了一個大拇指給他，肯定他的行為。（※提醒四步驟4）

到了下午起床後的團體討論時間，我以布偶演繹今天早上這段故事，並與孩子們討論這件事。在過程中我以問答的方式與孩子互動，孩子們紛紛舉手說出故事主角做了些什麼不好的事、為什麼不好、什麼才是正確的做法……我發現，侑廷也一直專心地聽著，從中學習。

最後在團體討論結束前，我跟大家約定：「那從今天開始我們大家約定，以後被老師提醒的時候，不說這些不禮貌的話，可以的請舉手！」大家都舉手，侑廷也把手舉高高的。從那次之後，侑廷就不曾再跟老師講過這些話了。

3~6歲 問題行為

大人在忙，卻一直纏著大人

發展階段　紀律逐漸內化
解決方法　兩個選擇

CASE 22

大人正在忙，孩子卻一直問不停

筱恬媽媽：「女兒（6歲）可能因為有妹妹（2歲）爭寵的關係，需要爸媽多陪她。明明大部分時間都用來陪伴她，她仍覺得不夠。她最常在大人最忙時一直問你問題，大人無法專心回應，就會一直怪你怎麼不回答。之前跟她溝通很多次，但她依舊改不了壞習慣。請問該如何是好？」

羅寶鴻老師：「可以使用『兩個選擇』來處理這種問題。」

蒙特梭利
觀點

兩個選擇，讓孩子學會尊重他人

孩子一直問個不停，有時候也是會讓父母覺得很煩的……當然我們都瞭解在可能的狀況下要回答孩子的問題，但如果我們當下正在忙或在跟別人講話，沒辦法馬上回答孩子怎麼辦呢？我們還是可以使用「兩個選擇」來處理這種問題：

❶ 媽媽可以先問孩子：「你想要媽媽回答你的問題是嗎？」她會說：「是！」

❷ 跟她說：「那你要等媽媽忙完現在的事，等一下回答你；還是你要現在一直問，媽媽不回答你？」給她兩個選擇。

❸ 如果她選擇先讓你忙，那等一下要記得回應她。但如果她還是繼續耍賴就不需要回答她，並且可以請她離開，因為她已經讓你感受到不被尊重了。

人與人之間是需要互相尊重的，有時候我們也必須捍衛自己的尊嚴不被別人踐踏。如果她會對你生氣或怪你、對你不禮貌，那媽媽可能要思考一下自己在給予孩子自由與紀律上，是不是在哪裡出了問題，為什麼你懂得尊重她，但她卻不懂得尊重你。

蒙特梭利
觀點

從「自我認同危機期」開始，每天用「兩個選擇」協助孩子建立規範

有一天我在辦公室講電話的時候，羽辰（3歲11個月）走過來問我可不可以拿他的火車給他（裝

火車的盒子放在櫃子上他拿不到）。我用手示意請他等一下，但因為他當時想要玩火車的「內在衝動」遠勝於他的自我控制力，所以一直像唱片跳針般在我面前重複地說：「爸比，請幫我拿火車好嗎……爸比，請幫我拿火車好嗎……爸比……」

我確定在當下只跟他說「請你等我一下好嗎」是沒有用的；所以，我就請對方先等一下，然後跟羽辰說：「你想要爸爸幫你拿火車是嗎？」

羽辰當然回答：「是！」

於是我就說：「那你要安靜等，爸爸講完電話幫你拿；還是你要現在一直打擾，爸爸等一下沒得拿？」（※兩個選擇）

羽辰想一想說：「ㄜ，要有得拿……」

我就說：「那我可以相信你現在會安靜等我嗎？」（※提醒四步驟3）

羽辰：「可以。」我比了一個「讚」給他，繼續講電話。（※提醒四步驟4）

果然，羽辰就在旁邊做其他事情，安靜地等我講完電話了。

將近4歲的羽辰，我每天跟他使用「兩個選擇」，他會做正確的選擇機率幾乎已經是百分之百了。原因是早在他2歲半「自我認同危機期」的時候，我就開始每天使用兩個選擇來跟他建立規範。現在一年半過去了，我跟他這方面的默契已經養成，他也知道當我給他兩個選擇時，正確的選擇是什麼了！所以「少成若天性，習慣成自然」，只要我們持續用正確的方法教育孩子，孩子是會在他的表現上回饋給我們看的！

3~6歲
問題行為

不收拾玩具

發展階段　紀律逐漸內化
解決方法　兩個選擇

CASE 23

孩子玩完玩具不收拾

強強媽媽：「我們家強強每次玩完玩具都不收，提醒好多次叫他要收拾玩具，但他卻一點也不在意，我該如何讓他養成自己動手收拾玩具的習慣呢？」

羅寶鴻老師：「其實『收玩具』這件事情是很有學問的，我們必須配合孩子不同的年齡，給予不同的做法。」

蒙特梭利觀點

不同年齡階段的孩子學收玩具，家長應該知道的做法

〔1歲以前〕成人示範收拾玩具的動作

1歲以前由成人負責收拾，因為這階段孩子的手部發展與平衡發展還不足以勝任收拾玩具。注意動作不要太急促，要以穩定的方式來收拾，一方面讓孩子看到我們的動作，另一方面讓孩子看到每一樣物品所屬的地方，幫助孩子瞭解環境的秩序。所以注意每一個物品都要有它固定的擺放位置，同屬性的物品也最好都有相同的擺放區域，例如可以在環境中分類設置圖書區、積木區、音樂區、植物區等。

〔1～3歲〕成人陪同協助孩子完成

當孩子會走路以後，手部的發展也逐漸成熟，我們可以在收拾玩具的時候，開始邀請孩子把玩具拿起來放到箱子裡、抽屜裡，或放回櫃子上，一一請孩子將物品放回原來位置。

我們可以使用「一個口令一個動作」的方式，譬如：「羽辰，這本書唸完了，請你把它放回書架上」「羽辰，請你把泡泡水放回去架子上。」「串珠子請放在這裡。」（手指著櫃子上固定位置）孩子在收拾的時候，會逐漸記住物品的位置。到了2歲半左右，東西要放哪裡他都會記得了。

記得3歲以前的收拾玩具，孩子需要成人陪同協助完成；如果讓他一個人收拾，孩子「玩玩具

的衝動」會遠比「收拾玩具的意志」強，所以如果沒有陪同，常常會出現收一收又開始玩的情形。

〔3歲過後〕孩子可以自行收拾

這時候孩子已經可以自行收拾玩具了；以羽辰為例，通常他狀態正常的時候，媽媽都會讓他自己把玩具全部收拾好，有需要時只做口頭提醒，但不給予實質協助。如果當天羽辰狀態不好（例如沒睡午覺很累、或生病時），媽媽會協助他一起收拾。在此分享一個收玩具的個案：

某天吃完晚飯後，我們一家三口在客廳休息。羽辰（3歲8個月）玩著玩具，我和羽辰媽媽則在喝茶聊天，分享著今天的點滴。

時間過得很快，到了要收拾玩具、洗澡的時候了。距離洗澡時間還有10分鐘左右，媽媽跟羽辰說：「羽辰要收拾玩具囉，我們要準備上去洗澡了。」

羽辰：「ㄜ，可是我還想玩一下下……」

媽媽說：「好……那再玩5分鐘就收拾了好嗎？」羽辰：「好。」**（注意：羽辰媽媽不是在約定時間超過之後再給他玩5分鐘，而是在約定時間之前10分鐘先給予提醒）**

5分鐘後，媽媽說：「羽辰！時間到了要收拾囉！」可是羽辰又說：「可是我還想玩……」

這時候，我就以溫和但堅定的語氣對羽辰說：「羽辰，我們剛才有約定好的喔。你要現在把玩具收拾好，下次有得玩；還是你要不收拾玩具，爸爸把玩具收起來下次沒得玩？」**（※兩個選擇）**

羽辰說：「……要有得玩。」

我說：「那我可以相信你現在會把玩具收拾好嗎？」（※提醒四步驟3）

羽辰：「可以。」

於是羽辰就開始收拾玩具，不一會兒就把玩具收拾好了。

蒙特梭利觀點

孩子不收玩具，大人威脅丟掉玩具只會讓他養成「不尊重物品」的觀念

有家長問：「老師，我有聽人分享過，『孩子不收玩具的話，玩具就丟掉』。這樣跟孩子說對嗎？他們的說法是：『玩具沒有回家，那它就去垃圾桶』。」

威脅孩子「要把玩具丟掉」是很錯誤的教育方式！為什麼孩子不收玩具，大人就要把玩具丟掉呢？讓孩子收拾玩具，是為了要培養孩子「尊重物品」的觀念，怎麼孩子不收拾的時候，反而變成我們大人先「不尊重物品」，要把它丟掉了？這怎麼說得過去？

萬一孩子也不服輸地回答「好啊！」這對於解決問題一點也沒有用處。所以，**「孩子不收玩具，玩具就會被媽媽收起來沒得玩」才是正確的**。通常孩子當下會不在意，會表現得很瀟灑；但第二天沒得玩就會很苦惱了。但也可能有另外一個原因，就是「家裡玩具太多，也太容易取得」所以不珍惜。

如果真的是這樣，我會建議爸媽：不要把所有玩具都陳列出來，固定時間替換，會讓孩子對他的玩具更珍惜。現在網路上充斥著許許多多不同的教養方式，大家真的要冷靜地分析，不要人云亦云，盲從一些似是而非的觀念。

孩子說不要上學

發展階段 紀律逐漸內化
解決方法 同理但不處理

CASE 24

孩子說不要上學，怎麼說都說不聽

哲哲媽媽：「兒子目前快4歲，上幼兒園也一年了，偶爾早上起床會問我今天要上學嗎？我若回答要上學，他就故意說『不用』『今天不用上學』，若回答今天不用上學，他又說『要，今天要上學』。好幾次甚至用手揮過來打我，或要用腳踢我，我屢次告訴他生氣的時候想打可以，但只能打枕頭棉被，打人就是不對的行為，可是沒什麼效果……怎麼處理他出手打人的行為呢？我也試過同理他，告訴他我知道你不想上學，但是大家都上學，去學校可以和好朋友玩等等。以前也試過請他在房間裡冷靜，後來等他冷靜以後，和他討論他希望我怎麼回答呢？他說他也不知道……請問我該怎麼辦？」

羅寶鴻老師：「別跟不講理的人講道理」，爸媽應該『同理但不處理』，但持續請孩子做該做的事情。」

蒙特梭利
觀點

家長最容易陷入的孩子情緒問題處理5大地雷

其實我兒子羽辰（4歲）也會問：「今天要上學嗎？」我和羽辰媽媽的做法是直接告訴他：「今天是星期四喔，再上兩天課，今天、和明天星期五；到了星期六、日就不用上課了。」

當然，他一樣也會有不願意上學的回應，例如說「不用！今天不用上課！」這些話，但這時候我們會「同理但不處理」——同理他的情緒（而不是冷漠以對），但不用言語來跟他多做解釋，因為孩子需要學習如何消化自己情緒、面對該做的事。

請記得：「別跟不講理的人講道理」——不要跟他一直解釋為什麼要上學——要「同理但不處理」，但持續請他做該做的事情就好了，例如起床、上洗手間、盥洗、穿衣服……等。如果他賴在床上不願意起來，媽媽可以（用浪漫一點的方式）先給他一個大擁抱，再帶他起來、請他做該做的事。

以下讓我們逐一分析這位媽媽踩到的地雷有哪些：

〔地雷1〕一直回應孩子無理取鬧的問題

錯誤的處理方式：「我如果回答要上學，他就故意說『不用』、『今天不用上學』，我如果回答他今天不用上學，他就又說『要，今天要上學』。」

解說：大人「一直處理」的後果，就是孩子會一直跟你變來變去。

〔地雷2〕允許孩子做不尊重人的事

錯誤的處理方式：「好幾次甚至手揮過來打我，或要用腳踢我，我屢次告訴他生氣的時候想打可以，但只能打枕頭棉被，生氣不可以打『人』，打人就是不對的行為，可是沒什麼效果……」

解說：這也是我常看到父母一直處理的後果，結果越處理孩子越不ＯＫ，越處理孩子越情緒化，到最後還出手打人！

其實孩子是知道今天要上學的，但有一點媽媽要清楚：「不想上學」不代表「因為不想上學，就可以做不尊重別人的事」。他過分的時候媽媽應該當下理直氣壯地告訴他，他的行為已經冒犯到你了。我們尊重孩子沒有問題，但我們也要教導孩子尊重別人，不應該讓孩子因為「不上學有情緒」就允許他做不尊重的行為。在這「自由與紀律」上的拿捏，家長應該注意這一點。

〔地雷3〕一直跟孩子講道理

錯誤的處理方式：「我也試過同理他，告訴他我知道你不想上學，但是大家都上學，或是告訴他去學校可以和好朋友玩等等。」

解說：同理是應該的，但不需要一直講道理，我想這位媽媽應該也發現這樣其實沒有什麼效果了吧。

〔地雷4〕當下沒有制止孩子的錯誤行為

錯誤的處理方式：「請問我該怎麼處理他出手打人的行為呢？」

解說：當下就要給予制止，並以堅定的態度告訴他這種行為不正確。若常允許孩子用這種不當方式發洩情緒，容易養成他生氣就動手的不良習慣。

同時，事件後要在大家心平氣和時再討論這件事（秋後算帳）。媽媽要告知孩子打人不但不尊重、而且還會傷害別人，是不被允許的行為，並且跟他約定以後不能再動手打媽媽，若遵守約定會怎樣，若沒有遵守約定又會如何。

〔地雷5〕父母過度的遷就

錯誤的處理方式：「我在他後來冷靜以後，和他討論他希望我怎麼回答呢？他說他也不知道……」

解說：媽媽在他冷靜之後跟他討論是OK的，但你跟他說「希望我怎麼回答呢」我覺得有點問題。對於一件孩子本來就應該要做的事，我們不應該誤導孩子認為別人要怎麼回答他，他才會願意去做，更何況媽媽你的立場是對的，更不需要用太低的姿態來跟孩子溝通。

當然我很瞭解「愛與尊重」是教育的核心價值，所以要很注意對孩子的言語；但必須瞭解「愛與尊重」最終是要培養出孩子的「自愛與自重」，這才是正確的教育方式。父母過度的遷就，反而會讓孩子的自由失去了紀律。

蒙特梭利
觀點

成人低姿態的「一直勸導」會養成孩子的壞習慣

媽媽在這個議題上可以做的是：

❶ 同理他的情緒，但不多做言語上處理；

❷ 不要坐以待斃在同一個地方一直給他耍賴；

❸ 提醒他現在該做的事情，維持「今天就是要上學」的原則；

❹ 若他有不尊重的行為，理直氣壯地告訴他不要這樣；

❺ 若孩子耍賴，給他一個能規範他的「兩個選擇」。

所以，對於已經將近4歲的孩子，一些孩子日常生活上自己也知道應該做的事（例如時間到了就要上學、洗澡、吃飯、睡覺等），當他不願意做的時候，建議成人不要用太低的姿態來跟他解釋、說明、安撫、引導等「一直勸導」的方式，來讓他高興才去做，因為這樣只會慢慢養成不良的惡性循環（就像個案中媽媽的狀況）。以前我的老師．聯合國教科文組織的蒙特梭利教育代表 Dr. Sylvia C. Dubovoy 博士，曾經跟我們說過：

"What is discipline? Discipline is: If you like it, that's the way it is. If you don't like it, that's still the way it is."「規範是什麼呢？規範就是：不管你喜不喜歡，都要遵守的事情。」讓孩子明白這一點也是家庭教育重要的一環。

遇到不如意就鬧情緒

發展階段　紀律逐漸內化
解決方法　同理但不處理

CASE 25

自己忘記帶玩具，卻跟爸媽鬧脾氣

有一次連假我們一家三口出門遠行。出發的前一天晚上，羽辰（4歲）開始學習自己整理行李，把想帶的東西和玩具都放到自己的小行李箱裡面。

第二天一大早吃完早餐後，我們就出發了。正當我們開著車離開家裡不久，突然羽辰「啊」的一聲，說：「咦？我的自強號呢？」我記得在吃早餐的時候曾看到他把他最愛的「自強號」小回力車（媽媽送他的第一部小火車）從行李拿出來玩，一定是他在出門前忘記拿了。我心裡暗想：「不妙，不知道他要耍賴多久，這次的旅程要出現困難了……」但我和媽媽仍然努力地保持鎮定……

「媽咪，我的自強號呢？」羽辰再問。

「你沒有帶到嗎？」媽媽淡定地反問羽辰。

「沒有耶！」羽辰說。

媽媽想了一下，說：「喔……自己的東西要自己保護好啊。」

羽辰：「可是我沒有帶到耶。」

媽媽說：「是喔……那就沒有辦法了。」（當然，孩子絕對不可能就這樣接受現實的。）

羽辰說：「可是我想要帶自強號耶！」

媽媽說：「我知道，但是沒有帶到就沒辦法啦……」**（※告知現實）**

羽辰想一想，說：「那我們現在回家拿吧！」

媽媽慢慢地用溫和、簡潔的語氣說：「可是羽辰，我們已經離開家裡很遠，沒有辦法回去了。」**（※告知現實）**

羽辰安靜了一陣子，彷彿在思考著這箇中的因果關係。（當然，孩子絕對不可能就這樣接受現實的。）

過了一陣子他又繼續講：「可是我想要自強號耶——」（開始鬧）

媽媽同理地看著他說：「嗯，我知道。」**（※同理但不處理）**

羽辰：「好吧！我們現在就回家拿吧！」（繼續鬧）

媽媽：「對不起，我們已經上高速公路了，沒有辦法回去了。」**（※告知現實）**

羽辰：「有辦法！我想要回去拿自強號！媽咪我們現在就回去！」（繼續鬧）

媽媽繼續以柔軟的態度、沉默地回應著。**（※同理但不處理）**

大概10秒後羽辰又說：「媽咪，我想要回去拿自強號！」（繼續魯）

媽媽提供其他方式讓羽辰選擇，說：「羽辰，你今天有帶其他火車對不對，你可以把你有帶的

火車拿出來玩啊。」**（※提供選擇）**

但羽辰仍然堅持：「可是我不想要玩其他火車，我想要自強號！」（繼續鬧）

於是，媽媽又有智慧地說：「喔……是喔。」**（※同理但不處理）**

羽辰：「對。我想要拿自強號……我現在就想要回去拿自強號……媽咪我想要自強號……我真的很想要……」（持續講著）

媽媽仍然很有耐心，以同理的態度淡定、簡潔地回應著：「嗯……是……嗯……」**（※同理但不處理）**

我仍然開著車。本來一開始聽到羽辰一直耍賴也有點情緒的我，也因為羽辰媽媽的穩定，心情也逐漸緩和下來。

慢慢地，在「一個巴掌打不響」的原理下，羽辰從每10秒鐘鬧一次，到每隔1分鐘鬧一次，再來隔個3分鐘鬧一次，然後……就不再鬧了。當他不再鬧的時候，我們就知道他又經歷了一次面對情緒、處理情緒、消化情緒、接受事實的寶貴經驗。

雖然他這時候嘟著嘴巴皺著眉頭，表情看起來有點傷心，但我們尊重不講話的羽辰，允許他在自己的小宇宙裡消化自己的情緒。我們並沒有急著去給予他慰問、或關心的話語，如同〈弟子規〉所說的：「人不安，勿話擾。」

這也是成人「相信孩子做得到」的最佳寫照；我們相信透過適當的引導，他能處理自己的情緒。

大概過了15分鐘的沉默，羽辰說話了：「媽咪，等一下我們會先去九份看童玩嗎？」

媽媽笑著回答：「是啊！我們等一下就會到囉。」

羽辰沒事了！

蒙特梭利
觀點

淡定面對孩子鬧脾氣，讓他學會自己處理情緒

在整個過程裡面，媽媽做了什麼幫助他呢？其實就是「同理但不處理」。媽媽同理他的情緒，並告訴他事實是什麼（沒辦法回家拿），結果是什麼（沒有自強號小火車），也告訴他可以有什麼其他選擇（可以玩其他火車），但如果他仍選擇執意自己的想法，我們予以尊重，但就不需要再繼續回應他了，也不須在他持續用言語和情緒表達他不滿的時候，忙著對他解釋與安撫（別跟不講理的人講道理）。因為，孩子也需要藉由日常生活中的不同事件，來學習如何面對自己的情緒。

遇到不如意的事情有情緒，別說孩子，就算是大人也很難馬上釋懷。但此時旁邊的人是到底在「幫忙」還是「幫倒忙」？到底我們所做的、所講的，真的能幫助孩子穩定，還是持續讓孩子更有情緒？這往往就是「情緒教育」的重點。上述的這則故事或許能讓大家更清楚看到，在孩子有情緒的時候我們給予協助的拿捏準則在哪裡。

蒙特梭利
觀點

過度在乎處理孩子的感受，容易造成孩子「玻璃心」

──孩子有情緒的時候，適當的解釋、說明與安撫是需要的；但過多可能就會適得其反

曾經有一位媽媽問我：「我女兒是個敏感愛哭型的孩子（4歲），學校老師都笑稱她玻璃心，我有察覺到她似乎忍受挫折的能力很低，會不會和她哭的時候我會安慰她有關？關於這點你有什麼建議？如何做才好呢？」

一般來講，「玻璃心」的孩子是由於父母過度在乎與處理孩子感受，間接讓孩子認為自己無法處理情緒所致。我常提醒家長對待孩子的情緒要「同理但不處理」，因為孩子也需要學習如何面對、消化，接受自己的情緒。

在孩子有情緒的時候，適當的解釋、說明與安撫是需要的；但過多可能就會適得其反。如何給予適當的支持讓他變得更茁壯，而非過度的呵護讓他覺得更渺小，箇中準則與拿捏確實是一門教養的藝術。

另外，**多讓孩子在日常生活裡發展獨立，也是增長孩子自信心、自尊心、和解決問題能力的重要教育方向**。過度被保護、過度被當成公主與王子看待的孩子，也容易有「玻璃心」的問題，家長可以在這些方面多做省思與調整。

從今天開始，不要再綁架孩子情緒，給孩子空間也給自己空間，學習「同理但不處理」吧！

Q

要給孩子看電視當獎勵嗎？

女兒目前5歲半，平時我們沒有給孩子玩3C和看電視的習慣，除了擔心視力的問題之外，我自己認為電視（包括那些適合幼兒的卡通），會破壞孩子的想像力。過年放假期間我先生放了一部短動畫給女兒看，之後她便天天要求要看，因為女兒平時做事拖拉，先生便以此當做獎勵，如果她做到就可以看一集動畫（一集約10分鐘）。但我不是很贊成，因此和先生有了意見上的口角，先生認為我一味地防堵，只會讓孩子更想看，而且小孩在團體裡面沒有共同的話題，他也認為這不是一種交換條件，是一種獎勵，讓小孩有動力把該做的事做好。我想聽聽老師的想法。

A

該做的事情不需要獎勵。

我的建議如下：

❶不看電視或沒接觸3C產品的確會在團體裡面少了一些共通話題，但至少是會在國小以後；所以你的先生沒錯。但說到會不會影響到人際關係，倒未必如此，因為也有很多人愛做其他事情，有很多其他話題可以講。

❷你認為3C產品會影響視力和孩子的想像力，是的，會影響，而且還會影響專注力與

智能發展呢；所以你沒錯，但一天如果不看超過15分鐘、不沉迷的話，不太會影響。

❸「一味地防堵，只會讓孩子更想看」：是的，因為孩子會有好奇心。所以過與不足都不好，宜往中道。若時間有限制，看一下是可以的。

❹「因為女兒平時做事很拖拉，先生便以此當做獎勵的方式，如果她做到就可以看一集動畫（一集約10分鐘）。」**我會建議將看電視為「獎勵」改為「處罰」**；每天有固定時間看15分鐘，但什麼事情做不好就取消。因為，**該做的事不應該「賞」，但做得不好可以「罰」**。

❺適度的爭執是好的；適度的犯錯也是好的。透過爭執與犯錯，我們才有可能檢視自己、改進自己，把事情做得更好。只要大家遇到事情，都能有「行有不得，反求諸己」的態度，那家庭一定會越來越圓滿，教育也必定會越來越成功。

Q 我是一位幼教老師，請問關於教室管理有沒有什麼好建議呢？

A 有的，我有「教室管理十二字真言」可以提供給你：「宣導，約定，追蹤，觀察，提醒，肯定。」

班級裡的常規需要我們用心經營，孩子才會養成良好習慣；當發現問題時我們也需要有一套完善的方法，才能有效地解決問題。舉例來講：我最近發現，有越來越多小朋友離開座位的時候沒有靠椅子。針對這件事情，我們可以有以下做法：

❶ **宣導**：首先在團體討論時間，以布偶方式演繹一位孩子在離開座位時沒有靠椅子，並請班上小朋友舉手說發現什麼問題（沒有靠椅子）、應該要怎樣（要靠椅子）、為什麼要這樣（椅子才不會擋到別人走路）……

❷ **約定**：將此討論結果制定為大家的約定（每個人離開座位時，都要靠椅子）。

❸ **追蹤**：從約定當天開始，每天與孩子一起追蹤這件事情有無改善（利用每天團體討論），持續追蹤一至兩個月，直到問題解決為止。

❹ **觀察**：在約定後，老師開始在教室觀察孩子是否有做到約定的事情（靠椅子）。要發現問題、改善問題、解決問題，老師的觀察是最重要的。

❺ **提醒**：若觀察到有孩子忘記了，當下給予善意的提醒（靠椅子）。

❻ **肯定**：對有做到的孩子，當下給予肯定（在不打擾孩子專注的前提下）。同時，利用每天三次團體討論時間（早上、中午、下午）嘉許今天有遵守約定（靠椅子）的孩子，也嘉許今天被提醒後有做到的孩子。

大部分老師對於維持班上常規，都流於消極地一味提醒孩子，但只有單一做法是很難有顯著效果的。所以對於教室管理，我會建議老師要使用「配套」的做法，環環相扣，這樣效果才會明顯。

CHAPTER 6

掌握6～12歲孩子生心理發展，不用囉嗦他也能學會獨立

成人保持該有的高度與權威，比囉嗦提醒更有效

6～12歲正是孩子讀國小的階段，
這個時期孩子會主動探索文化、道德觀念，藉此達到智能的獨立。
6歲或以上，如果孩子還是會常常用耍賴、哭鬧的方式抗議，
或者越來越不接受提醒、不尊重大人，
那就表示在上一個發展階段（0~6歲）的「自由與紀律」沒有做好。
成人可以透過「檢視、記錄、改善、演練、落實」的祕訣改善，
補救孩子的紀律教育，永遠不嫌晚！

羅老師

6~12歲 心理發展重點 & 問題行為

月年齡：6~12歲

發展階段：推理性心智

身心發展特色與注意事項

身心發展特色

- 這階段的孩子身體會變得更強壯與健康。心理上也會比上階段更沉著、穩定。
- 6歲以後，「吸收性心智」這種強大的吸收能力就失去了，取而代之的是「推理性心智」。孩子遇到事情的時候，會有意識、或無意識地把這件事情，跟過往在吸收性心智期所獲取的經驗來做比較、分析與判斷。
- 對「文化獲取」有強烈興趣，會想瞭解人類是如何演化到這時代。同時開始想要融入這個世界。
- 對辨別是非、對錯有強烈的興趣。
- 比較直接、無禮。
- 開始喜歡與同儕一起活動。
- 對他們感興趣的事情從事各種資訊搜尋，來增長這方面的知識，同時為所發現的問題尋找答案。

問題行為

- 孩子上小學後越來越不聽話、愛頂嘴（P.233）
- 兄弟常常打來打去（P.236）
- 外出時還是會吵鬧，又不能直接將他抱離現場（P.238）
- 在家說髒話（P.239）
- 總是忘記寫作業（P.239）
- 對長輩沒禮貌（P.240）
- 對爸媽的態度冷淡（P.241）

注意事項

- 成人不要落入對孩子「囉嗦」、「碎碎唸」的誤區；只會讓孩子覺得煩、越來越不尊重你。
- 父母或長輩不可以縱容孩子違反規範，或對規範搖擺不定讓孩子無所適從。
- 成人要保持該有的高度與權威。
- 如果提醒兩次還無效，就要「付諸行動」，讓孩子「經驗選擇後的結果」。
- 孩子表達能力較上一個發展階段好，可以在事後用同理、正面的方式跟他討論犯錯原因，一起探討出改善的方法。
- 0～6歲與6～12歲規範給予的態度是一樣的，但使用的語言要因孩子成熟度與理解力不同而調整。

6~12歲孩子的發展特點與內在需求

運用想像力來推理學習、解決生活問題

6歲以後，孩子進入推理性心智。遇到事情時，會有意識、或無意識的把這件事情，跟過往在吸收性心智期所獲取的經驗來做比較、分析與判斷。

0~6歲孩子的心智就好比海綿一樣，會吸收環境一切元素來創造自己的人格，並幫助孩子適應所屬的環境，蒙特梭利博士稱這種心智為「吸收性心智」（The Absorbent Mind）。

但到了6歲以後，這種強大的吸收能力就失去了，取而代之的是「**推理性心智**」（Reasoning Mind）。當孩子遇到事情的時候，會有意識、或無意識的把這件事情，跟過往在吸收性心智期所獲取的經驗來做比較、分析與判斷。例如我小時候是在香港出生長大的，在國小的時候來到台灣，就會把台灣的衣、食、住、行各層面，跟我在香港的舊經驗作比較。我發現台灣的馬路上都沒有雙層巴士，但人人都習慣騎摩托車，感覺很特別。而在香港我每天吃的早餐是玉米片、水煮蛋、火腿或吐司，但在台灣吃的早餐卻是飯糰、豆漿、油條或小籠包，需要多吃幾次才能慢慢適應。

同時，**到了6歲以後孩子會開始想要運用想像力來推理學習，以及解決生活上的各種問題。**而

想像力的基礎，是從0～6歲的生活經驗中來的。在生理上，這階段的孩子身體會變得更強壯與健康。心理上，也會比上一個階段更為沉著、穩定。

蒙特梭利觀點

6～12歲是主動探索文化、道德觀念的時期，孩子藉此達到智能的獨立

❶孩子會對「文化獲取」有強烈興趣

「文化」意指人類在演化時所創造出來的各種成就（human achievements），他們會很想瞭解人類是如何演化到這時代的。同時在此階段，他們會開始想要融入這個世界。

❷道德觀念的探索

孩子在這階段會對辨別是非、對錯有著強烈的興趣。蒙特梭利博士說：「……透過自然的發展法則，這時候孩子不單只對知識與理解感到渴望，而且還想要尋求精神上的獨立——學習自己辨別是非對錯，並且嘗試拒絕權威的限制。在道德觀念的學習階段，孩子會開始尋找他內心的光明。」

❸這也是一個孩子會比較直接、無禮的年紀

因為孩子會根據他自身的舊經驗來判斷事情的對與錯，並且當出現疑惑時直接地質問，例如孩

子會說：「媽媽，你不是說紅線不能停車嗎？為什麼你現在停在紅線上了？」這是因為他們內心想要進一步地融入社會文化，想要更瞭解世界對人、事、物的標準，所以他會很直接地詢問，尋求真正答案。但在世界上，有很多事情不是只有黑或白這麼簡單的，孩子會在這段過程中，逐漸瞭解到如何調整自己的觀念。

❹有群聚本能

這階段的孩子會開始喜歡與同儕一起活動，例如在課後他們會參與各種組織性的活動，加入社團或參加各種運動……等。在3～6歲的蒙特梭利教室裡面，我們也常觀察到大班以下的孩子比較喜歡自己工作；但到了6歲左右、尤其是到了大班下學期時，大孩子們自然而然地就會開始成群結隊地一起活動，喜歡有說有笑地與同儕邊工作邊討論。這正是孩子進入第二個發展階段的徵兆，他們將要走過人生第一座畢業花橋，進入小學了！

❺較無秩序、不愛乾淨

在這階段，孩子似乎會變得比較沒有秩序，身邊的東西、自己的房間常常都是亂糟糟的。這並不是因為他們的秩序感已經失去，而是因為秩序感的需求在0～6歲的階段已經確立、並且內化（internalized）了，現在他們已經不再需要做這些事來確認這內在的傾向。相反的，他們會將秩序感運用在推理性思維，在規劃事情，與解決問題上。

❻對感興趣的事情會搜尋各種資訊，來增長知識，同時尋找答案

例如在蒙特梭利小學裡，孩子們對恐龍這主題有興趣，老師就會引導他們思考並討論如何增長對這方面的瞭解。他們會上網找哪裡有展示恐龍的博物館，找出到達博物館的方法、規劃好路線與要使用的交通工具；然後，他們也會計算車資、入場門票的花費；並在出發前討論要如何觀察、如何記錄等等。

蒙特梭利博士認為，在此階段，孩子會發展出「**智能上的獨立**」（intellectual independence），意即孩子能自己找到他想要學習的方向，並能找到他想要的知識。

家有6～12歲孩子的爸媽應具備的觀念

給予規範時不應捨棄父母的高度與威嚴

有「威嚴」並不是要「兇狠」。「成人要以孩子的高度來看世界」這句話沒錯，但不代表父母在給予規範時，也要把自己該有的高度捨棄。

到了6歲或以上，如果孩子還是會常常用耍賴、哭鬧的方式抗議、或者越來越不接受提醒、不尊重大人，那就表示在上一個發展階段（0～6歲）裡的「自由與紀律」沒有做好。

我們需要：

❶ **檢視**：認真省思哪些地方出問題：是否因為規範不夠明確？還是規範沒有落實？

❷ **記錄**：把問題寫下來；例如：爸媽在哪些地方沒有原則？做不對的是什麼？

❸ **改善**：把要改善的重點寫下來。例如：「下次孩子回家沒有先寫作業，我晚上就會堅持不給他看他想看的卡通，讓他經驗選擇後的結果。」並且把兩個選擇的句子寫下：「你要寫好作業，晚上可以看卡通；還是現在不寫作業，晚上沒得看卡通？」

❹ **演練**：把問題記錄在手機「備忘錄」裡，平常多在心裡演練正確規範的給予方式。
❺ **落實**：當真實情況出現時執行，看看結果是什麼，並在事後做出檢討與修正。

在我的美語教室裡，有些孩子也是會對媽媽不禮貌、跟媽媽頂嘴、不愛聽媽媽話的，但他們在班上對老師不會出現這種問題。這些孩子的媽媽也曾跟我說，當他們一家人出去的時候，孩子不會對其他阿姨或長輩不尊重，但就只會對媽媽不禮貌。

所以到底這是孩子的問題，還是媽媽的問題呢？以下的案例正好可以讓我們思考這個問題。

CASE 26

孩子上小學後越來越不聽話、愛頂嘴

有個媽媽問：「老師，我兒子現在上了小二，越來越不聽我的話、越來越愛跟我頂嘴了，請問該怎麼辦？」

羅老師：「孩子不聽我們的話，會跟我們頂嘴，是我們大人要反省啊。為什麼我們會讓孩子這樣對我們呢？」

媽媽當下楞住了，可能沒想到我會這樣回答她。

我繼續說：「我們為人父母跟孩子比，處處都擁有絕對的優勢。孩子什麼都要靠你，吃飯要你煮、上課要你送、下課要你載、生病要你帶去看醫生、零用錢還要你給，怎麼孩子反而會在家裡做大，你卻變成是小的呢？是你把你自己變得太卑微了！」

媽媽如被當頭棒喝，說：「是！是！」

我說：「媽媽請你允許我直接說：是你放棄了自己身為一個媽媽該有的高度與權威，不是孩子的錯啊！你孩子在我教室是沒有這種問題的，因為我不會允許他用不尊重的方式對別人。媽媽你為什麼要讓他這樣對你呢？」

媽媽說：「可是他這樣跟我講話的時候我都有提醒他啊……」

我說：「媽媽你會怎麼提醒他？」

媽媽：「我會說請他不要這樣跟媽媽講話啊……我說你知不知道這樣跟媽媽講話，媽媽會覺得很不被你尊重……你不覺得你這樣子不對嗎……為什麼你不可以好好地跟我說話呢……別人都說你跟媽媽講話很沒有禮貌……」（自言自語地碎碎唸著）

我說：「媽媽，你這樣一點威嚴力量都沒有，孩子怎麼會聽你的呢？如果你這樣講有用，這些問題早就解決了！」

媽媽說：「那請問我應該怎麼跟他說？」

於是，我教導媽媽對著鏡子練習在言語上如何「簡潔有力」，在態度上如何「溫和堅定」，讓孩子覺得她是「來真」的。

我告訴媽媽，如果這種說話方式不是你的習慣，是需要不斷練習才會進步的。但我也提醒媽媽：有「威嚴」並不是要「兇狠」。我們是要像「中央山脈」般令人敬畏，而不是要「如狼似虎」地讓人害怕。

大部分有這種問題的家長跟我聊完後，都會覺得當下甚有領悟。但最後他們願不願意持續修正自己、能不能改善親子之間的關係，這就不是我能決定的了。

有時候一直提醒都無效，不是方法對不對的問題，是父母對自己定位的問題。

「成人要以孩子的高度來看世界」這句話沒錯，但不代表父母在給予規範時，也要把自己該有的高度捨棄。

「教女教兒，先教自己。」要給予孩子更好的教育，我們唯有不斷地檢視自己、修正自己。

蒙特梭利
觀點

成人保持該有的高度與權威，比囉嗦提醒更有效
——再三重複的提醒只會讓孩子覺得煩、越來越不尊重你

- 注意成人不要落入對孩子「囉嗦」、「碎碎唸」的誤區；這種提醒不但無效，而且會讓孩子覺得你很煩、越來越不尊重你。
- 仍須注意父母或長輩不可以縱容孩子違反規範，或對規範搖擺不定讓孩子無所適從。
- 成人要保持該有的高度與權威。
- 如果提醒兩次還無效，就要「付諸行動」，讓孩子「經驗選擇後的結果」。
- 到了國小孩子表達能力已較上一個發展階段好，我們可以在事後用同理、正面的方式跟他討論犯錯原因，並一起探討出改善的方法。

6～12歲孩子常有的問題及教養建議

先探究問題行為背後原因，再對症下藥

孩子6歲以後若還是沒有養成自律的言行，
除了孩子本身之外，成人也應該反思自己是否哪裡做錯了，
因為成人是決定孩子自由與紀律教育成功與否的關鍵。

CASE 27

兄弟常常打來打去

雙寶媽媽：「我有兩個兒子，分別是二年級和三年級！他們兩個每天都在吵架，甚至打架！常發生的是哥哥會用手去鬧弟弟，然後弟弟就不甘心地還手！每天發生無數次！真的讓我很崩潰……導致現在弟弟也會這樣去捉弄哥哥！不知道有沒有什麼方式可以約制他們？」

羅寶鴻老師：「建議你檢視家裡成人在他們爭執時的處理方式是否有問題。家裡應有信服的成人引導他們排解糾紛、正向處理。」

蒙特梭利觀點

成人習慣用負面方式處理孩子的爭執，容易形成孩子爭執的惡性循環

孩子之間大部分的爭執，一開始都是從玩開始的（例如玩玩具、或是玩其他遊戲）。在家裡如果有沒有一個他們信服的成人可以幫助他們排解糾紛、引導他們正向處理的話，他們逐漸就會用自己的方式來處理，例如互相攻擊、爭奪、戲弄等。

我會建議你檢視家裡成人在他們爭執時的處理方式是否有問題。例如：用罵的（罵一個或兩個都罵）、用處罰的、兩個都不能玩（無辜那個就會懷恨在心）、大的要讓小的（大的會覺得不公平）……

成人習慣用負面方式來處理孩子爭執的時候，孩子往往都會把這種負面能量吸收，形成之後更多的爭執，惡性循環下去。

要幫助他們的話，我建議：

❶大人要扮演公平、客觀的角色，不要用負面、情緒化的方式處理雙方爭執，更不能偏心；

❷跟他們討論，制定在家裡玩的遊戲規則。例如：

- 討論哪些玩具是大家玩的、哪些是不外借的「個人珍藏」。
- 不能搶別人正在使用的玩具；若搶別人的玩具，須還給對方。
- 要借對方玩具要先詢問，不能未經同意就拿；若未經同意就拿別人的玩具，須還給對方。
- 不能故意破壞別人玩具，故意破壞者當天不能再玩玩具。

• 不能動手打人，打人者當天被取消玩玩具時間。
• 或寫下其他想要大家都遵守的規則。
❸ 經過討論大家同意後，開始執行約定。

另外，也可以跟他們討論常會發生爭執的事情是什麼，針對事情制定家庭規範，如同社會上的法律一樣。必須討論到彼此都願意遵守這規範，這個約束才會有效。

CASE 28

國小二年級孩子外出時還是會吵鬧

哲哲媽媽：「兒子現在國小二年級，我們外出時有時孩子會吵鬧，孩子現在長大了，也不能像之前那樣直接將孩子抱離現場，請問該怎麼處理呢？」

羅寶鴻老師：「很多問題要解決，都必須要先知道問題背後的原因是什麼。例如一個人情緒暴躁會吵鬧是因為肚子餓，如果我們只是一味地安慰他不要生氣或規範他不准生氣，但卻不讓他填飽肚子，這樣是無補於事的。同樣的，如果我們只知道孩子吵鬧、但卻不瞭解孩子會吵鬧的原因，要解決問題是很困難的。」

CASE 29

國小三年級兒子在家說髒話

阿非媽媽：「兒子現在國小三年級，我們發現他現在在家裡會說『髒話』，我們平時很留心在家不說這些話，孩子應該是在學校跟同儕打鬧時學會的，請問該怎麼辦？」

羅寶鴻老師：「家裡的成人需要以彼此尊重的角度，配合溫和但堅定的態度、簡潔有力的言語跟孩子說明：「我知道你學校的同學都會講這些『髒話』，或許你也會跟他們一起講，但請你知道在家裡我們是不講這些話的。這些話很沒禮貌，不是對待父母、家人，或好朋友該說的話。」這樣的做法對於孩子在家裡「無心」講這些話，會有改善與警惕的作用。但如果他是「故意」講這些話的，建議家長可以一併參考後面CASE 31、32我的答覆。」

CASE 30

國小一年級孩子總是忘記寫作業

謙謙媽媽：「兒子今年小學一年級，他很喜歡上學。但有一件事情很傷腦筋，孩子總是忘記寫作業……每天回家他都顧著先看電視和玩玩具，提醒他要寫作業卻也一副不在意的樣子……看來他想玩的欲望大過一個學生應盡的責任，有沒有什麼好方法可以訓練他自動自發寫作業呢？」

羅寶鴻老師：「有的，但需要持之以恆。如果有原則、有堅持地執行，能養成孩子良好習慣。既然他喜歡看電視和玩玩具，大人在他回家以後，可以給兩個選擇：『你要寫完作業，再看電視和玩玩具；還是不寫作業，沒得看電視和玩玩具？』但如果家裡根本就沒有人可以執行，那就沒辦法了！因為教育最重要的元素是環境與成人，缺一不可。」

CASE 31

國小四年級孩子對長輩沒禮貌

澤澤爸爸：「兒子現在小學四年級，最近似乎有點叛逆，對長輩說話不太禮貌……例如奶奶叫他吃飯，他卻大喊『很煩耶！我不想吃！』當下我們都會制止他。但同樣的問題還是會發生。請問我們該怎麼辦？」

羅寶鴻老師：「若如你所說『當下我們都會制止他。但同樣的問題還是會發生』的話，我想家裡的大人除了要『當下制止他』以外，更要好好地省思：現在孩子已經10歲了，到底是什麼原因會讓他養成這種壞習慣呢？是不是我們成人身教有問題，或是平日在對待長輩上的態度有問題，所以孩子有樣學樣呢？還是家裡的大人從一開始就沒有注意到孩子這問題、盡到提醒的責任，到了現在越來越沒禮貌才發現？根據我的經驗，很多時候上樑正了，下樑自然不會歪。」

CASE 32

國小五年級女兒對爸媽的態度冷淡

小瑾媽媽：「女兒現在小學五年級，最近她似乎很不喜歡跟爸媽說話。跟她說話時態度總是很冷淡，想跟她好好談談，她也一副『你們大人很無聊、很煩耶』的態度，我們該怎麼跟孩子談呢？」

羅寶鴻老師：「那大人就必須要好好省思，到底一直以來我們是怎麼對待孩子、用什麼觀念與方法教育孩子的，為什麼現在孩子會這樣看我們不順眼啊！正所謂『事出必有因』，根據我的經驗，會有這種結果絕對不是孩子單方面的問題，我們大人一定也有責任。若我們可以省思問題在哪裡、並加以改善，親子關係還是可以挽回的。」

老師！我有疑問！

家長提問 Q&A

Q　**0～6歲孩子溝通的方式是否不同於和6～12歲孩子的溝通方式？孩子到了國小，是否在溝通上的模式也要改變？**

A　**溝通的方式會有所不同，但溝通態度不應該有所不同。**

我們從孩子出生開始就應該以「尊重孩子，猶如尊重成人」的態度來對待他，絕對不是要等到他「長大」以後才開始尊重他的。

往往要改變的，是我們跟0～6歲孩子的溝通方式常常都太「矮化」他們。在國外0～3歲的蒙特梭利師資訓練中心裡面，我們看到指導老師對小小孩的態度跟對待大人一樣，永遠都是尊重且有禮的；不會因為他還小就戲弄他、故意逗他，或對他不尊重。就算給予規範，也一樣是以「尊重、穩定」的態度。（這其實是我們、尤其身為長輩很需要反省與學習的！）

所以，**基本上0～6歲與6～12歲規範給予的態度是一樣的，但使用的語言會因為孩子成熟度與理解力不同而作出調整**。另一方面，6歲過後孩子的反抗能力可能會更強，需要重新養成好規範的時間也可能需要更久。所以有云：「君子之學貴慎始」，我們最好還是在孩子還小的時候，就開始以正確的方式給予規範。

仍須注意父母不可以縱容孩子違反規範，或對規範搖擺不定讓孩子無所適從。必須讓孩子「經驗選擇後的結果」；無論在幾歲給予規範，這點都是最重要的，透過真實經驗孩子才會有所學習。

PART 3

心態調整：父母應有的心理準備

教孩子，從準備好自己開始！

蒙特梭利博士曾說：

「政治家只能讓世界避免戰爭；唯有教育家才能為世界帶來和平。」

在最後兩章裡，想跟大家分享作為一個幫助孩子生命發展的成人，

我們內心要具備什麼元素，才能幫助孩子內心擁有更多的和平，

將來為世界帶來更多的希望。

衷心地希望大家可以用心把這兩章看完，

將箇中的精神銘記於心，傳承給我們的下一代。

教養觀念 自我檢測表

成人的內心應該具備什麼元素，才能幫助孩子？進入本篇前，請先勾選這份教養檢測表。爸媽可以更清楚自己對教養的真實想法，同時試著以更寬容、理解、包容、開放的態度看待孩子！（各題後頁碼標示，如 P.029 為本書相關主題的參閱頁碼）

1 花了很多錢讓孩子補習，但成績卻不理想，你的想法是？ P.246

a. 孩子一定是偷懶或上課不專心！告誡孩子要更用功讀書。
b. 告訴孩子爸媽賺錢很辛苦，不要讓爸媽的辛苦白費苦心。
c. 孩子應該是學習上有地方卡住了，協助他找出學習上的問題癥結。

2 孩子犯錯了，對於孩子的錯誤，你第一時間的反應是？ P.256

a. 孩子犯錯一定要當下嚴格指正，否則他下次還會再犯。
b. 孩子還小，他並不知道自己做錯事，等他大一點再教就好。
c. 每個孩子都有想要變得更好的傾向，以尊重的態度和孩子理性討論。

3 遇到教養問題時，你通常採取的處理方式是？ P.267

a. 馬上找專家諮詢，向專業人士求助。
b. 先思考自己為什麼會感到生氣，孩子是真的故意犯錯還是另外有原因。
c. 孩子不應忤逆父母，要讓孩子知道誰才是老大！

4 孩子不喜歡收拾，東西經常亂放，你的想法是？ P.269

a. 告訴孩子若收拾好就給他獎勵。
b. 孩子還小，爸媽幫他收拾就好。
c. 先反省自己平時是否有收拾好物品的習慣！

5 家裡孩子經常為了搶東西而爭執，你會如何處理？ P.257

a. 分享很重要，應該讓孩子知道懂得分享才是美德。
b. 東西沒收！這樣兩邊都沒得吵！
c. 給予「輪流等待」的概念，想玩玩具就要遵守規範。

6 孩子經常生悶氣，總是一副忿忿不平的樣子，你的想法是？ P.252

a. 孩子只是愛跟大人賭氣，太在意就會被他騎到頭上。
b. 孩子一定是受了委屈，應該跟學校導師反映是否被同學欺負。
c. 嘗試去理解孩子為何用生悶氣的方式表達情緒，是不是他平時的情緒被成人壓抑了。

解答：1.c 2.c 3.b 4.c 5.c 6.c

CHAPTER 7

孩子犯錯其實是好事?!

正確看待孩子的錯誤，以錯誤為友

孩子犯錯罵他，下次卻還是明知故犯，他怎麼這麼不聽話，是不是應該更嚴格管教？
家長對待孩子錯誤的態度，將影響孩子對自身的評價，尊重孩子如尊重成人，他才能坦然面對錯誤、包容自我。
家長
羅老師

孩子的缺點成人該怎麼看待？

愛，是接受孩子的全部。除了優點，還包括缺點！

每個孩子的天賦不同，有些孩子比較聰穎，有些孩子學習比較慢；但學習比較慢……並不是孩子的錯。我們要學習接受孩子的全部，才能真正支持到孩子。

以下幾個真實個案，都反映了天下父母對孩子的期許，但也代表了家長對孩子錯誤的態度。這些故事，每天都可能在我們自己、或身邊親朋好友的家庭不斷發生……

故事分享

一個焦慮媽媽的故事

傍晚下課後，一位媽媽帶著孩子來參觀我們美語班。

媽媽準時地來到，在她身邊，是一位剛升上六年級的孩子；從他眼神看出，他是一位憨厚、柔軟的孩子。在這孩子身上，感覺不到時下孩子的輕浮、無禮與叛逆；我覺得，媽媽的教育方式應該不錯。

之前跟媽媽連絡過，知道孩子已經有好幾年美語學習經驗，坐下來以後，就開始跟他進行一些美語測試，看看他程度到哪裡。我請孩子帶一本他最近在補習班學習的課本，但當他拿出來給我看的時候，我楞了一下……

上面寫著Book 1（第一冊）。

我問媽媽：「第一冊？媽媽不是說之前孩子已經學過好幾年了嗎？」

媽媽說：「對呀，因為他一直都沒有學好，所以已經換過好幾個補習班了，每到一個新地方，都要重新再學起。

「為了這孩子，我傷了很多腦筋，我還試過請一對一家教老師來家裡跟他補英文，一個小時五百塊那種的喔，但是他還是學不好……」

於是，我開始測試孩子，請他打開課本，唸一下他學過的章節。我刻意選擇比較容易的內容，希望他會唸得比較有信心。

他低頭看著課本、生澀地唸著，一個句子裡面四個字，就有兩三個不會唸……

我協助他唸完一、兩句後，問他：「請問這句英文是什麼意思呢？」他回答不出來。

我開始感覺到，旁邊的媽媽有點焦慮了；我相信媽媽長期以來，對孩子的學習也都很擔心。試問，自己的孩子如果在學習上一直都沒進步，誰會不著急？

我慢慢地引導著孩子唸了幾句，發現媽媽邊聽、邊搖頭嘆息，我就跟孩子說：「嗯……好，謝謝你，這樣我大概知道了。」

我問媽媽：「請問，孩子在學校的成績如何？」我想知道，孩子是不是只有美語學得比較差而已。

媽媽有點洩氣地說：「唉，他其他的成績也都沒有很好啦……他就是懶惰啦，不認真念書啦，常常都看電視……（省略）……所以才會這樣子。」媽媽邊看著孩子，邊數落他的不是。

孩子低著頭。

我跟孩子說：「嗯，沒有關係的，很多小朋友學習不好，都是因為基礎觀念沒有搞清楚，搞清楚就好了，不用擔心，我會幫你的。」我笑著對孩子說，孩子笑一笑，頭更往下低。

我看著媽媽說：「以前我有一位學生國二才來，我幫她弄清楚文法、自然發音規則後，她就越學越有信心，學校英文成績也越來越好。現在她出社會了，還當美語老師呢。」媽媽聽了很高興。

我看著孩子說：「所以，你也做得到的，要加油喔！」

媽媽這時候又對著孩子說：「你聽到了沒有？你要認真知道嗎？你以後要認真的跟著老師好好學知不知道？不要再……（省略）」媽媽又開始唸孩子……

這時候我沒說話，但靜靜地觀察孩子的反應。

意外地，這孩子一點都沒有不高興；相反地，我感覺到他完全接受媽媽說他的不是。

我想在某種程度上，他也知道自己學習能力沒有太好，瞭解媽媽一直以來都對他很擔心。所以，他內心會感到愧疚，對於媽媽的責備，他都全然接受。

好一個「父母責，需順承」的現場演繹版。

但是，我相信這位媽媽平常對孩子也是很有愛、很尊重的；否則她現在這樣責備孩子，孩子不會完全逆來順受。

看到一個孩子用柔軟的態度來對待媽媽的指責，又看到一位慈母因為擔心孩子學業而忍痛責備自己孩子，我內心深處，體會到一份感動與不捨……

蒙特梭利觀點

學習慢不是孩子的錯，接受孩子的全部才能真正支持孩子

於是，我對媽媽說：「媽媽，我很瞭解您的焦慮，但我想跟您分享一件事：

「如果我們以0到100分來比喻孩子的資質，我看過一些90分資質的孩子，但他們的父母都只著眼在孩子做不好的地方上，常常批評、指責孩子沒做到的事，結果這些90分資質的孩子，反而沒有辦法好好發揮他們的潛力，最後變成只有70、80分，而且不喜歡學習。

「我也見過一些資質只有60、70分的孩子，但是爸爸媽媽都常鼓勵他、幫助他們相信自己，結果往往這些孩子的能力都會提升，從60、70變成70、80分，而且對學習越來越不排斥，越來越自動自發。」

我繼續說：「媽媽，我常思考一個問題：每個孩子的天賦、資質、學習能力都不一樣，很可能我自己的孩子，天賦不會比別人好……」

媽媽一言不發看著我……

「但是我會做的，是接受我孩子的全部，不單只接受他好的，他不好的我也要全部接受。因為，這樣才是真正地『愛孩子』。」

媽媽有點不好意思地說：「嗯……我知道了，謝謝老師。」

我看著孩子，笑笑地對他說：「帥哥，我今天在你媽媽面前說你好話，你以後要好好報答我喔～」孩子靦腆地笑著。

「你知道嗎？你媽媽真的很愛你，為了你到處找老師幫助你，你知道媽媽為了你，花了多少苦心嗎？」我感覺到媽媽眼眶紅紅的。

孩子看著我，點點頭。

我柔軟地跟他說：「所以你在家裡，一定要多孝順媽媽好不好？」

孩子看著我，笑笑地點點頭……

我再對他說：「我很願意幫助你，但是我要你答應我一件事……」我停下來，認真地看著這個孩子。

孩子也認真看著我。

我一個一個字地對他說：「你，要，認，真，學，OK？」然後，我對著他微笑。

他看著我也笑了……我看到的是，一種釋懷、信任的笑容。

或許，我替這位孩子說出他心裡面一直以來想對媽媽說的話了：「媽媽……雖然我不聰明，但是我都有努力，請媽媽相信我；我很愛媽媽，當你覺得我不認真的時候，其實我會很傷心……」

於是，我們就這樣結束了這次的面談。

在離開教室時，我跟孩子說，我還有一些事情想跟媽媽講。

孩子離開後，我對媽媽說：「我可以跟你分享一些我的想法嗎？」媽媽：「當然可以，請說……」

我說：「媽媽，每個孩子的天賦不同，有些孩子比較聰穎，有些孩子學習比較慢；但學習比較慢……並不是孩子的錯。」

這時候，我看到母親眼眶紅紅的……媽媽點頭。

「我們要學習接受孩子的全部，才能真正支持到孩子。媽媽您的孩子很孝順，他很需要您的支持；媽媽加油，我們一起用更接納、更支持的態度來幫助他，好不好？」

於是，媽媽帶著感謝、眼眶泛著眼淚，跟孩子一起離開。

送著他們到門口，看著他們離去，我內心也充滿著觸動與感恩。

好一個愛孩子的好媽媽；好一個愛媽媽的好孩子。

謝謝你們給我這份充滿恩賜的禮物——「愛，是接受孩子的全部」。

孩子做錯事，如何讓他認錯？

尊重孩子，他會更尊重自己，更願意面對錯誤

當身邊朋友、同事做錯事時，我們會不會用不尊重、嚴苛的態度來喝斥他們？
如果不會，為什麼我們又會用這種態度來對待孩子？
其實這都是源自於我們的傲慢與對孩子的不尊重啊！

故事分享

瀕臨爆發邊緣的孩子……

有一天在上美語課進行兩人小組活動的時候，其中一組的學生出現狀況了。我看到學生A嘗試著跟學生B溝通（兩個都是國小六年級），但學生B從頭到尾一臉憤怒，什麼話都不講，就只是沉默著眉頭深鎖、板起一張憤怒的臉。

學生A是班上人緣好、能言善道的孩子，但此刻我卻看到他無論怎麼跟B溝通，B卻完全沒反應，仍然是一臉生氣的樣子什麼話都沒有說。

「你怎麼了？」「你生氣嗎？」「到底發生什麼事了？」「你有什麼不高興你可以跟我說呀？」

A努力地在跟B溝通，但B還是完全沒有反應，仍然像一顆快要爆掉的氣球一樣板著臉生悶氣。

終於，學生A走過來向我求救了：

「老師！我不知道他發生什麼事，他就一直在生氣……」

我問：「你有做什麼讓他生氣的事情嗎？」

A看似十分冤枉地說：「我真的沒有呀！」

於是我走到學生B面前問：「你怎麼了？」

他仍然像一顆快要爆掉的氣球一樣，板著臉生悶氣，雙眼盯著地上，完全沒有說話。

突然，我想起孩子B以前在幼兒園生氣的時候（他以前是我幼兒園裡的學生），也會有這種板著臉、生悶氣不說話的表情。

只是，現在他已經六年級了。

0～3歲孩子因為環境或成人影響而產生的心理偏態，會延續到3～6歲。到了6～12歲國小時期，偏態會因為孩子身心理穩健成長而暫時隱藏起來；但到了12～18歲青春期，兒童開始逐漸轉變為成人，身體賀爾蒙有許多改變，心理穩定度也相對降低，因此偏態會再度爆發出來。

這孩子現在已經小學六年級，正要進入青春期了。在當下，我感覺到他仍然很憤怒。於是我跟學生A說先讓他一個人沉澱，我們繼續做我們的事情。

過了快半小時後，他終於比較恢復了，神情也變得比較緩和。

後來在下課結束以前，我利用一點時間在班上跟學生們討論，要練習把自己內心的情緒與想法，以尊重自己、尊重別人的方式表達出來的重要性。

可能有些家庭的父母會這樣，所以孩子從小就學習到；但有些家庭的父母並不會，所以我們就要自己學習。不管如何，這都是我們一輩子要學習的課題。

同時我也告訴學生，不要把所有情緒都憋在肚子裡面，這樣反而會傷害到自己，甚至有一天自己忍不住爆掉的時候，會傷害到別人。只是一味地生氣卻沒有任何出口，是沒有辦法解決問題的。

當天晚上，我跟孩子B的媽媽聯絡，告知她今天孩子發生的事情。而媽媽回答我的話，我並不意外。

媽媽說：「他在學校最近已經這樣兩、三次了，老師也曾找我談過好幾次。在家裡最近也會這樣，可能是因為升到六年級，最近課業壓力比較大才這樣的。」

我內心想：六年級的確會有課業壓力，但我相信這不是最重要的原因。

我跟媽媽說：「媽媽，我建議你要找一位專業的心理醫師來幫助他，把他內心的情緒宣洩出來。因為從他今天生氣看來……我覺得他內心的負面力量很大。他已經要進入青春期了，這問題如果不處理，我擔心會越來越嚴重。」

媽媽說：「但還是要先過得了他爸爸這關。」

我完全聽不懂，說：「咦？怎麼說？」

媽媽說：「他爸爸從小到大都是一位很優秀的人，成績一向都很好，現在在園區上班，是那種不允許自己有任何失敗的人，所以常常給自己很大的壓力。對孩子也是一樣，有時候看到孩子做錯事，他會用很嚴厲的方式罵小孩。從小到大，兒子在被爸爸罵的時候，就是會這樣生悶氣但不講話。然後爸爸就一直罵，他就一直悶著不講話。到現在，爸爸還是會這樣罵他，我跟爸爸說過很多次了，但他還是會這樣罵孩子。」

聽到這裡我完全明白了，這孩子現在的行為是拜他爸爸所賜的。從小當嚴厲的父親用不尊重的態度喝斥他時，他學會了封鎖內心來保護自己，並做出沉默的反擊；但內心裡被責罵的委屈與情緒卻無從宣洩，一直隱藏在心裡。日積月累下，現在這個充滿負面能量的氣球已經快要爆掉了。

我說：「媽媽，如果在學校、在補習班、在家裡都會這樣，我更不認為還要放著不處理。」

媽媽繼續：「上個週末我們一家人出去玩，他（孩子）又這樣了，而且持續了兩、三個小時。」

我驚訝地說：「那爸爸還不認為他孩子有問題嗎？」

媽媽無奈地說：「爸爸認為他只是在賭氣。而且，他爸爸不會接受孩子有問題，需要去看心理醫生的……」

我心想：天啊！那誰要來幫這孩子？

媽媽：「老師謝謝你，沒關係，我回去會再慢慢地跟他說。通常他氣消了之後，就會跟我說話了……」

我心想：只怕他有一天氣消不了，不知道會以什麼方式爆掉。這是我最擔心的！

很遺憾地，過了快一個月的某天，他又在班上再次地重演這炸彈般的角色，這次連他媽媽來到教室門口，他還是生悶氣坐在椅子上不離開。最後，要媽媽進教室規勸才回家。

之後，這位學生就沒有來了。他媽媽把他所有補習的課都停掉，讓他在家裡休息。

蒙特梭利
觀點

家長對待孩子錯誤的態度，將影響孩子對自身的評價

——尊重孩子，他才能坦然面對錯誤、包容自我

對於這件事我一直感到很遺憾、很無力、也很沮喪。因為，我什麼都幫不上忙。

看到新聞報導，一位建中的高材生在凌晨無故地自尋短見，從家裡十三樓屋頂跳下來。

我不禁想到：這些本來未來有無限前途、前程錦繡的學生，很多都是因為氣球被充太飽沒有辦法宣洩，而一時想不開做傻事的。

當氣球要爆掉的時候，他可能會有不同的方式，有可能會傷到自己，也有可能會傷到別人。我們在每天新聞裡面都看太多了。

孩子做錯事時，我們為人父母從小給了他們些什麼呢？是同理、諒解？還是責備、侮辱？

當我們身邊朋友、公司同事做錯事時，我們會不會用這種不尊重、嚴苛的態度來喝斥他們？

如果不會，為什麼我們又會用這種態度來對待孩子？

其實這都是源自於我們的傲慢與對孩子的不尊重啊！

所以，我們必須學習「尊重孩子，猶如尊重成人」。

當我們用尊重的態度來對待孩子時，孩子也會更尊重自己，更願意面對自己的錯誤。

家裡孩子老愛爭執怎麼辦？

爸媽的態度要溫和堅定，語言要簡潔清楚

我們似乎都有「大的要讓小的」的迷思，認為哥哥姊姊都應該要讓弟弟妹妹。我們不會把一些最心愛的物品、名貴的東西借給別人。將心比心，孩子也是一樣。

蒙特梭利
觀點

強迫分享並無法讓孩子學會「分享的美德」

大部分兄弟姊妹之間不和睦的原因是什麼呢？

以小孩子來講，通常都跟玩具有關；以大人來講，通常都跟錢財有關。

玩具對孩子來講，其實就如同大人的錢財一樣重要。很多時候是因為父母要求大的要把玩具讓給小的玩，糾紛才開始的。

或許大人都會覺得「分享是一種美德」，所以當我們聽到家裡小的因為沒有玩到玩具而哭的時候，都會要求哥哥姊姊要把玩具借給弟弟妹妹。

我們似乎都有一種「大的要讓小的」的迷思，認為哥哥姊姊都應該要讓弟弟妹妹。

但其實這個觀念是有問題的：

❶有些東西是我們不想分享的

例如：我們不會把一些最心愛的物品、名貴的東西借給別人。又或者在我們沒有心理準備的時候，如果長輩強迫我們要把錢借給某親戚，我們會有什麼感覺呢？所以，有些東西是我們不想借給別人的，將心比心，孩子也是一樣。

❷當我們不覺得自己「擁有」某個東西的時候，我們是沒辦法「分享」的

例如：當哥哥不願意把玩具借給弟弟的時候，你對他說：「你如果不借弟弟的話，我就把你的玩具收起來喔！」在當下，哥哥就會覺得他並非擁有這個玩具，因為他對這個玩具沒有主宰權。那就算他把玩具給弟弟玩，這也不叫做「分享」。他非但只沒有學到分享的美德，而且可能還會對弟弟「懷恨在心」。一次、兩次以後，哥哥就會開始在爸媽沒有注意的時候，偷偷修理弟弟了。我是家裡最小的，曾經就是箇中的受害者，因此非常瞭解。所以，在這時候我們應該要怎麼做呢？

蒙特梭利觀點

成人需要維護輪流等待的觀念，別因為孩子哭，就用不公平的方式

我們要給予孩子「輪流等待」的觀念。父母可以用溫和、但堅定的語氣跟弟弟說：「弟弟！這

玩具是哥哥在玩的。你想要玩是嗎？」弟弟會說：「要！」

父母：「那你要等到哥哥不玩，你就可以玩。」若弟弟持續哭鬧，我們可以採取在之前章節裡面提到的各種做法來應付。

在每次孩子要玩玩具之前，都可以先跟他們重申「輪流等待」的約定。並在過程中觀察孩子們有沒有做到。若有需要，可以當下給予提醒。漸漸地孩子就會養成習慣，有關玩具的紛爭就會逐漸減少了。

「輪流等待」的做法，正是在蒙特梭利環境裡面的規範：

❶當孩子A在做一項工作時，別人是不可以搶過來做的。如果B想做就必須等待，就算用哭的、用鬧的也沒用。

❷原則上，誰先拿到誰就可以先做這項工作；但如果兩個人同時想做，可以用討論、或猜拳的方式決定誰先做。

❸若選擇用猜拳，就要事先說明猜輸不可以耍賴。若出現耍賴的情形，成人可以給予兩個選擇：「你要選擇耍賴等一下沒得做，還是不要賴等一下有得做？」

❹活動進行時若孩子覺得有任何不公平的情形，都可以請成人協助裁決，幫助孩子建立正確的觀念。

家裡的成人需要維護輪流等待的觀念，不要因為孩子哭、我們怕麻煩，就用一個不公平的方式來對待哥哥姊姊。若能持之以恆，我們不但可以讓孩子學習到正確的社會性行為，同時也可以減少兄弟之間不必要的糾紛。

成人該如何淡定面對孩子的錯誤？

讓孩子學會「以錯誤為友」，「自省」而非「自卑」

「孩子犯錯」，是讓孩子「變得更好」的必經過程，
我們不但應該允許孩子犯錯，還要以正面態度面對錯誤，這就是「以錯誤為友」。

蒙特梭利觀點

孩子犯錯是最好的機會教育，打罵只會讓孩子更「不聽話」

在我的親職講座裡面，有一句話我常跟家長分享：「**別讓我覺得我犯的錯誤是一種罪。它只會降低我的人生價值觀。**」

我們是不是都認為「孩子做錯事就該罵、該打」是一件理所當然的事呢？

曾經聽一位家長說，他朋友的女兒一向在學校是比賽的常勝軍，是學校的風雲人物。但因為好勝心太強，所以開始有說謊的習慣。最近她有一科的成績考不好，竟然自己竄改分數，爸爸質問她，她也「打死不承認」。

我朋友說，這位孩子的爸爸從小到大都是以打罵的方式來管教孩子的。平常他們兩家人一起出來，都會聽到她爸爸用吼的、用罵的來管教孩子。

這位爸爸也曾經跟我朋友說，他的孩子常常都活在自己的世界裡、講都講不聽；他已經越來越管不動孩子了，愛的教育沒用，狠狠地抽打也沒用，就算把孩子趕出家門，孩子也會乖乖地出去，讓爸爸瀕臨崩潰。

聽到這裡，我都傻眼了。教養孩子，尤其對待一個女生，需要用到抽打、趕出家門這種極端的手段嗎？

這位爸爸可曾省思過：自己對孩子的教育方式，為什麼會令孩子越來越不聽話？父母都曾是孩子心中的最愛；為什麼到後來彼此會漸行漸遠，形同陌生人，甚至如仇人般看待對方呢？

如果這是一段感情，到底誰又負了誰？如果父母從小都以打罵、責備、威權的方式教育孩子，孩子內心自然會缺乏自信、產生自卑感。她會覺得自己不被尊重、不被重視，不論做什麼事情都會被罵。

隨著孩子逐漸長大，她就會越來越不想聽這些大人提醒，慢慢與他們形成惡性循環的互動模式。或許因為這樣，這位女孩才會認為「分數」與「獎項」是她唯一可以肯定自己、讓別人（尤其是爸爸）肯定她的方式。

結果，孩子為了讓自己有存在感，因而鋌而走險——「寧願偷改分數，也要高分回家」，不願意把分數低的考卷拿回家讓爸爸瞧不起，讓自己更受傷……這一切的問題，都是從一位對待孩子錯誤太嚴苛的父親開始。

父母與孩子之間的愛是與生俱來、自然而然的。為什麼有些孩子越來越大，跟父母的這種愛卻逐漸被磨滅殆盡，甚至到最後連基本的尊重都沒了呢？都是因為從孩子開始犯錯，我們就用錯誤的態度對待孩子而起的。

蒙特梭利
觀點

允許孩子犯錯，「以錯誤為友」

——孩子必須透過「犯錯」才能逐漸修正自己，瞭解什麼是「正確的選擇」

世界上沒有一個不曾犯錯的人；每個人都需要經驗很多錯誤才會成長。既然我們跟孩子都一樣，何必用太嚴厲的方式責備孩子的錯誤呢？

孩子必須透過「犯錯」才能逐漸修正自己，瞭解什麼是「正確的選擇」，如同我們在【實踐篇】裡面強調的：「要讓孩子經驗選擇後的結果」，他才會有所學習。

所以，「孩子犯錯」是讓孩子「變得更好」的必經過程，我們不但應該允許孩子犯錯，而且要以正面的態度來面對孩子錯誤，這就是「以錯誤為友」的觀念。

「以錯誤為友」，孩子將會學到「自省」；「以錯誤為恥」，孩子只會感到「自卑」。

蒙特梭利觀點

走出「不罵就不乖」、「不罵就不會反省」的迷思

——透過給予孩子「兩個選擇」，也可以讓他學會「反省」

或許我們都覺得，孩子必須要被打被罵才會乖，才會懂得反省；如同我們小時候做錯事也是被罵、被打過，才會知道要乖、要改過。

其實要懂得「反省」，不一定需要被「責備」。本書一再強調不需要用「責備」來讓孩子「反省」，而是用「兩個選擇」，讓他經驗錯誤選擇後的結果來「反省」，並幫助他下次做出正確的選擇。例如當孩子一直翹椅子，我們給予的兩個選擇是：「你要繼續翹椅子，結果椅子被拿走沒得坐；還是要不翹椅子有椅子坐？」若孩子繼續翹椅子，我們就把椅子收起來。又或者是吃飯時間到了但孩子一直玩玩具不願意吃飯，我們給予的兩個選擇是：「你要先吃飯，等一下可以繼續玩；還是要不吃飯，玩具被收起來沒得玩？」若孩子選擇繼續玩，我們就把他的玩具收起來讓他沒得玩。下次遇到同一件事情的時候，他就會有舊經驗做參考，並學習做出正確的選擇了。這樣，我們就可以更沒有情緒地教育孩子。

我們必須要認清：罵孩子只是成人宣洩情緒的負面方式，但這種行為不但不尊重孩子、會給孩子錯誤示範，而且沒有什麼正面的教育價值。

既然如此，我們願不願意允許自己從今天開始，改變我們對錯誤的態度呢？當孩子犯錯的時候，我們能不能不用生氣、而改用同理的方式呢？

當孩子一再不接受提醒，我們給予他「兩個選擇」時，我們允不允許他做錯誤的選擇？為什麼我們心裡面一定要他選對的，他選錯的我們就要生氣？

為什麼不想他犯錯？因為從小到大我們被成人灌輸的觀念就是：「犯錯」就是不好的。這都是因為我們沒有「以錯誤為友」的觀念、不想他「犯錯」啊。

我們確實會有忍不住的時候，但在責罵孩子的當下，我們一定要瞭解這只是發洩情緒，而不是正確的教育方法；更不要把自己罵孩子「合理化」，養成不好的教育習慣。

CHAPTER 8

何謂教育最重要的元素？

與內在小孩和平共處，才能用正面態度對孩子

孩子一切問題的源頭，就是我們自己。先把內心的愛找回來，我們就能先療癒自己了。
每次遇到教養問題，往往很難控制情緒……該怎麼做才能調整心態，用正面態度看待孩子的脫序行為？
家長
羅老師

準備好環境，教養就能水到渠成嗎？

除了完美的環境，成人也是孩子發展的關鍵！

教育的關鍵在於成人本身是否預備好自己，除了對孩子發展要有足夠的認識以外，同時包括是否能抱有謙卑、客觀、耐心，與無條件的愛來對待孩子。

要把教育做好有兩個重點：就是「環境」與「成人」。

從大家都熟悉的故事「孟母三遷」裡面我們可以看到，孟子是因為有一位瞭解教育的媽媽，所以她替孩子選擇一個適合他成長的環境；再加上孟母有原則地示範「子不學，斷機杼」，讓小小的孩子就瞭解到「自由不能沒有紀律」（不是想上學就上學，不想上就不用上）的重要性，奠定孟子以後成功的重要基礎。

蒙特梭利**觀點**

教育的關鍵在於成人本身是否預備好自己

東西方偉大的教育家，其實看法也有共通之處。蒙特梭利博士認為要把孩子教育做好，除了要有「預備的環境」（a Prepared Environment）以外，也需要有「預備的成人」（a Prepared Adult）。如果成人對孩子的生、心理發展不瞭解，很容易會產生錯誤的觀念、使用錯誤的方法來對待孩子。

教育的關鍵在於成人本身是否預備好自己；除了對孩子發展要有足夠的認識以外，同時包括是否能抱有謙卑、客觀、耐心，與無條件的愛來對待孩子。這是一條永無止境的學習之路；我們不問孩子會不會改變，只問自己對孩子夠不夠瞭解、夠不夠深入，讓內心偏差的孩子能找回自己的光明，恢復內在自求完美的本性，朝向更正面的方向前進。

我從小也是接受傳統的嚴厲管教方式長大的，剛進入幼教工作時，也用很多錯誤的方式來對待孩子，每天都被孩子打敗，感覺自己一無是處。但隨著不斷地自我修正及充實自己，最後我也逐漸走出過往的框架與束縛，懂得用嶄新的眼光來觀察孩子，用更正面的方式對待孩子。

如果我能做到，我相信你也可以。

蒙特梭利觀點

別讓情緒淹沒自己，對孩子的愛會讓你找到答案

讓我在教育這條路上不斷往前進的，是因為我一直以來都認為，世界上有些事情是比自己個人利益更重要的，就是孩子的教育，以及我們世界的未來。孩子是未來世界的主人翁，要讓未來的世界更美好，我們唯有在現前把教育做得更好，我相信你也是這樣認為的。

"For the Love of the Child"「以愛孩子為名、以愛孩子為願、以愛孩子為行」——是我一直以來的座右銘。這麼多年來，當然很多時候我也會有找不到方法、技窮，甚至氣餒、想放棄的時候。但

每當我想要放棄時，就會想起一直以來讓我前進的原因是什麼；當我找回原本的初衷時，我又會重新注滿力量，繼續勇敢地往前走。

同時，我也發現每次當我帶著這份對孩子的愛來祈禱，希望自己能變得更好、幫助到更多孩子的時候，往往在心裡就會浮現出解決問題的方法，或之後就會出現一些貴人來給予指點，幫助我在這條路上解決種種問題，度過種種難關。

父母對孩子的愛是最真摯的；所以當你遇到困難、找不到方法來幫助孩子時，不要讓情緒把你淹沒，請在孩子休息後，也給你自己一點空間與時間，讓自己先停下來、回到自己的內心，感受內心對孩子那份最真摯、無條件的愛，並以這份愛來祈禱，聆聽你內在的導師給予你的指示，我想是很重要的。

不要急著想要到處問人處理問題，建議你先回到自己內心處理自己……先把內心的愛找回來，我們就能先療癒自己了。

然後，帶著這份愛來祈禱，我們將會找到問題的解決方法。因為，愛是一切問題的答案。

怎麼做才能教孩子養成好習慣？

教兒教女，先教自己

唯有先讓自己成為更好的成人，我們才能給予孩子更好的教育。
因為，我們不能給孩子我們沒有的。

蒙特梭利博士強調，如果我們想要幫助孩子生命發展，成人的心靈必須經過深層的蛻變。透過多年從事蒙特梭利教育的經驗，我體會到：唯有先讓自己成為更好的成人，我們才能給予孩子更好的教育。

我的老師 Dr. Shannon Helfrich 博士曾經講過一句話："We can't give the child what we don't have."——「我們不能給孩子我們沒有的。」

記得有一次家長講座結束後，一位爸爸舉手提問：「老師，我想請問你一個問題：我的孩子現在小二了，他有一個壞習慣，就是不愛整理自己的房間。他房間永遠都是亂糟糟的。就算我要求他一個禮拜把房間整理一次，但整理好不到兩天他的房間又會打回原形。請問老師這該怎麼辦？」

我思考了一下，然後以溫和且堅定的態度問這位爸爸：「那……請問爸爸，除了孩子的房間以外，請問家裡的公共區域、你們一家人共同使用的地方，在孩子從小到大都是整齊的、還是凌亂的呢？」

爸爸頓了一下，很勇敢地說：「嗯……是凌亂的。」（果然不出我所料）

我笑著說：「那你不能怪孩子啊！如果家裡大人從小給孩子的環境都是凌亂的，我們要怎麼要求孩子呢？你叫他整理房間他還願意，已經很給你面子了！如果你想要孩子改變，就請你和你太太先改變吧！」

正所謂「身教者從，言教者訟」，如果我們本身就是一個不良示範，試問只用口說，又能給予孩子多好的教育呢？

當我們處處覺得孩子「不乖」的時候，不要都只罵孩子；如果我們願意回過頭來省思一下，或許我們會發現其實孩子一切問題的源頭，就是我們自己。

中國人有一句話：「教女教兒，先教自己。」沒有人天生就知道要怎麼當父母的；我們唯有謙虛地學習，不斷檢視自己、修正自己、充實自己，才能成為更好的父母。

有時面對孩子會忍不住失控……
與自己的內在小孩和解

童年時期遭受的不愉快經驗若沒有被處理、內心沒有被安撫的話，心裡的困惑與焦慮，可能會成為我們心裡的「陰影」，甚至影響我們教養孩子的態度與方式。

原生家庭（Family of Origin）創造了我們的一切，也影響了我們一生。給予我們生命的，是我們的父母；創造我們原生家庭的，也是我們父母。在0～6歲影響我們人格發展最關鍵的角色，也是我們父母。

童年時期遭受的不愉快經驗若沒有被處理、內心沒有被安撫的話，心裡的困惑與焦慮，可能會成為我們心裡的「陰影」，在潛意識影響著我們每天的生活，甚至會讓我們無意識地把這些陰影投射到別人身上，以各種方式不斷影響我們的人生，甚至影響我們教養孩子的態度與方式。

蒙特梭利
觀點

成人對孩子的批評，將形塑孩子的自我認同

一位4歲的小女孩，有一天午睡起來覺得肚子很餓，看到桌上有一盤剛烤好的餅乾香噴噴的，就拿了一塊來吃。「哇！好好吃喔！」孩子覺得餅乾的味道太好了，繼續一塊又一塊地吃，結果不自覺地把整盤餅乾都吃完了。這時候突然媽媽出來，看見孩子把餅乾全部都吃完了，一塊也沒有留給其他人，就生氣地狠狠打了她一頓，邊打邊罵著：「妳這個自私的壞孩子！」

媽媽打完孩子後還是一肚子火，所以沒有安撫她。孩子太小，遇到這種事也不知道要怎麼安慰自己，但心裡面卻一直重複著剛才媽媽邊打她邊罵的話：「妳這個自私的壞孩子！妳這個自私的壞孩子！……」孩子對自己剛才無知的行為感到非常焦慮與不安，但心裡面卻只是一直聽到：「我是自私的壞孩子！我是自私的壞孩子！」

從此，她開始覺得自己本來圓滿無缺的內心，原來是有缺陷的——她是一個自私的壞孩子，所以媽媽不喜歡。她還太小，沒有辦法瞭解其實「事件是中立，內心是圓滿」的道理。更遺憾的是，她媽媽也不瞭解。

很多父母在孩子做錯事的時候，會生氣地說：「你再這樣我就不喜歡你了！」「你再這樣我就不愛你了！」或者「我不要再理你了！」其實這些話都是很容易傷害孩子的。

為了彌補自己內心的愧疚感，孩子開始無意識地戴上「我是不自私的好孩子」面具，並開始學習討好別人，認為這樣別人就會「喜歡」她，認為這樣別人就會不知道她是一個「自私的壞孩

子」。她學會迎合別人，把自己的東西拿給別人，讓別人覺得她是一個大方的「好孩子」。

隨著她逐漸長大，在各個不同人生階段裡面她也無意識地繼續戴上不同的面具，讓別人覺得她是一個「好人」。雖然這樣也能得到許多人表面上的友誼，但她卻不知道其實在這面具後面，隱藏的內心傷痛是一直沒有被療癒的。

她對身邊的人越來越敏感，只要有人不太喜歡她的時候，她就會很不舒服、很不安，甚至讓她一個人的時候無故生氣、沮喪。這種無由來的焦慮，彷彿是她內心深處有一個無助的小孩在哭泣一樣。於是，她做更多委屈自己討好別人的事情，卻始終沒有辦法做真性情的自己，活出自己。

長大後，她成為一間大公司人事部門的主管，在朋友圈裡面她是大家的開心果，她結婚了，也有一個三歲的小孩。

有一天她買了一盒蛋糕回家，她知道孩子最喜歡吃蛋糕了，在回家的路上她想像著等一下和孩子一起吃蛋糕的愉快情形。回到家以後孩子過來擁抱她，她告訴孩子今天有蛋糕可以當點心時，孩子好高興！

於是，母子兩人開開心心地一起坐到茶几前吃蛋糕。她切一塊給孩子，切一塊給自己。正當她要慢慢品嚐的時候，孩子已經「咕嚕」地一口把蛋糕吃掉了。孩子說：「媽媽我還要！」媽媽想一想，說：「……好啊，但不要吃太多喔，等一下要吃晚餐。」她又切一塊給他。

把蛋糕放到孩子碟子上不到3秒，孩子又「咕嚕」地把蛋糕吃掉了，並且說：「媽媽！我還要一個！」媽媽說：「不行！你不可以再吃了，因為你已經吃兩個了，要留一些給別人！」

這時候孩子開始吵鬧了：「可是我還想要吃一個！媽咪我還想要！我還想要吃一個……」

突然間媽媽心裡面有一股莫名的怒火，覺得「為什麼我孩子這麼自私、一點不懂得替別人想呢？」她生氣地大聲罵自己的孩子：「你這個自私的壞孩子！就跟你說不可以了你還一直在叫什麼？你再這樣媽媽不喜歡你了！」

孩子一剎那楞住了，驚恐地看著媽媽。

看到孩子一臉驚恐的表情，媽媽突然警覺到，自己從來都沒有這樣罵過孩子，她不知道自己為什麼會失控……

在當下，孩子哭了。

媽媽也哭了。

有時候我們看到孩子某些行為，會讓我們無故地感到生氣、焦慮或不安；其實這都可能是因為孩子的行為，已無形中觸碰到我們內心的陰影，讓我們童年未了事件的情緒與焦慮被引爆出來，讓我們當下失去冷靜、用情緒的方式來處理，無形中又傷害了孩子。

以前我們小時候，父母用錯誤的方式，來對待我們的錯誤；

長大以後，我們繼續用這錯誤的方式，來對待自己的錯誤。

為人父母以後，我們又繼續用這種錯誤方式，對待我們的孩子。

孩子長大以後，又將會把這種錯誤方式，繼續輪迴到他下一代。

這就是錯誤教育的根本。

怎麼辦呢？我們需要往內心探索，把「內在的小孩」找出來，並且面對他、處理他、放下他。

讓我跟大家分享最後一個故事。

【結語】

一位母親的真實故事

在每次家長講座結束之後，我都習慣回答完所有家長問題之後才離開。

有一次當我在會後解答家長問題時，發現有一位媽媽一直坐在教室的角落旁聽，等到所有人都問完問題以後，整個教室的人都走了，她才站起來、慢慢地走過來。

我彷彿感覺到，她不想要別人聽到她的問題。

她走到我對面坐下來；我看著她，笑笑地對她說：「您好。」

「羅老師您好。」她坐在我面前跟我打了個招呼，之後就沒說話了。

我也沒說話，臉帶微笑地看著她、靜靜等待著她說話。

一陣子後，她說：「……請問老師，您有宗教信仰嗎？」

我說：「基本上我沒有，您為什麼這樣說呢？」

她想了一下，說：「因為，我覺得您的話能安我的心。」

我知道了，她心不安。

「媽媽，請問您有什麼想要告訴我的？」我誠懇地問她。

她開始說：「……我覺得我的孩子很沒有安全感，就算她跟我一起在家裡，她也想要我常常在她身邊陪著她；就算我只是在廚房煮東西、或者只是在陽台晾衣服，她也會一直喊著、甚至哭著要找我……」我開始感受到她的不安，但我仍專心地聆聽著。

「我……我不希望她會像我這樣……」講到這裡她停下來了，皺著眉頭、雙手抱著胸、低著頭，似乎說不出話來了。

我仍專心地聆聽著，希望她會說出她心底的話。

一下子後，她說：「我從小到大是沒有爸爸媽媽的，不是真的沒有爸爸媽媽啦……是我出生之後他們就不在我身邊了，所以我是爺爺奶奶帶大的……」

「我……我不希望她會像我這樣……」

我內心很嘉許她這麼坦誠地願意把心裡面這番話說出來，這需要莫大的勇氣。從她的外表，看得出她應該是一位事業有成的女強人；但在女強人堅強的外表下，隱藏著一個充滿創傷與無助的內在小孩。

看著她無助的臉，我感到她整個人都快被內心的陰影吞噬了。我心想著：我一定要幫她。

於是，我對她說：「媽媽，請問您允許我跟您說一句話嗎？」

她說：「老師請說。」

我慢慢地說：「媽媽，從小到大你的爸爸媽媽不在你身邊，不是你的錯。」
她很客氣、點點頭、笑笑跟我說：「是，我知道……謝謝。」在當下，我感覺到她的逃避。

於是，我稍微往前靠近她一點，以更慢的語氣，說：「媽媽，這，不，是，你，的，錯。」
她頓了一下，開始哽咽，說：「……我知道。」

我再靠近她一點，再說：「媽媽，這，不，是，你，的，錯。」

她終於忍不住開始哭了，哭得很傷心、很傷心。
但同時在這當下，她終於找到她內在的小孩，並且面對她、擁抱她了。
看著她在哭泣，我祈禱著：願你今天的淚水，能洗淨你內心多年的悲傷。

良久，她終於把心裡的情緒釋放出來了，逐漸停止哭泣。
我遞了一張衛生紙給她，她接過去擦一擦臉上的淚水，破涕為笑地說：
「老師謝謝您……我感覺好多了。」

在當下我看到她整張臉是亮的、是光明的，跟剛才完全判若兩人。很顯然，她已經把她內心的陰影處理好。

我笑笑地對她說：「不客氣！媽媽，我已經幫你把你孩子的問題處理好了。其實你的孩子根本沒有問題，你只是無意識地把自己內心長期以來沒有安全感的陰影，投射到你孩子身上而已，所以你才會覺得她沒有安全感。」

「現在您好了，您的孩子也好了。」我笑著對她說。

「謝謝……謝謝羅老師！真的很謝謝您……」她笑著、感激地說著。

於是，我陪著她走出教室，送她離開。

然後，我獨自回到教室，整理我的東西準備回家。

看著空無一人的教室，我彷彿感受到這位媽媽此刻的心情——在心裡的陰影離開以後，剩下來的全是對孩子滿滿的愛。

【致謝】

除了感謝，還是感謝。

以前每次在講座的時候，都有聽眾問我有沒有出過書，我總是說：「沒有耶，我也從來沒想過要寫書。」

他們會說：「我覺得老師真的應該要好好考慮寫一本書，因為我很欣賞老師您的教育理念。」為了當下不想掃他們的興，我通常都會回答：「謝謝您……那就順其自然吧，看上天怎麼安排。」

然而，如今自己的書真的即將要出版了，一切卻是來得那麼自然，彷彿冥冥中真的自有安排。從去年十一月開始與出版社接洽，到十二月開始寫，花了幾個月時間把整本書寫完，在天時、地利、人和的情況下，這本書誕生了。在新書即將推出之際，我心裡有很多人想要感謝。

首先我要感謝我的爸爸。感謝爸爸您一直以來用您的身教來給我教育，更用您的生命來成就我的一生。爸爸您以前就跟我說，希望有一天我會寫一本書，把我這些年的經驗記錄下來。爸爸，現在我的書寫好了！希望在天上的您，也可以看到我這本書，跟我一起分享這份喜悅。

感謝我的媽媽。謝謝您從小到大都以亦母、亦友、亦聆聽者、亦諮商師的角色來讓我的生命更完整。謝謝媽媽這麼多年以來，一直都願意耐心傾聽我生命中的每一個故事。謝謝媽媽在我生命中各個重要轉折點上，一直給予我鼓勵與支持，讓我有勇氣走在自己選擇的路上，直到現在。

感謝上天，我心靈中的highest authority。感謝祢願意將祢的不平凡分享給我這個平凡人，讓我可以成為祢的器皿，在社會上做一些正面的事情，為人群服務。

感謝野人文化出版社的淑慧。因為您的賞識，開啟了這本書的緣分。謝謝您這幾個月以來不厭其煩地耐心回覆我問題，協助我修改書裡面的內容，並給予我許多鼓勵，增加我寫這本書的信心。沒有您，就沒有這本書！感謝您！

感謝蒙特梭利教育界的前輩們，包括Ms. Lam胡蘭校長、李裕光校長、蘇碧珠理事長。謝謝您們願意推薦這本書，讓我體驗到台灣幼教界的前輩們是多麼地疼愛後輩，願意在我們需要的時候拉我們一把，幫助我們承先啟後，在這生命洪流裡傳承他們多年以來所累積下來的經驗與智慧，繼續貢獻於這個時代與社會。對此，我感到非常欣慰與感動。謝謝您們教導我的一切。

感謝學界專業洪蘭教授、大樹老師、Yolanda老師、莊琳君老師、醫師。娘（張太）、陳秀芬老師，與彭菊仙老師。謝謝您們願意推薦，讓這本書有機會給更多有需要的父母、家長與老師看到。

衷心感謝所有教導我、及給我許多啟發的ＡＭＩ培訓師，包括：Dr. Silvia Dubovoy, Cristina

de Leon, Judi Orion, Karey Lontz, Dr. Shannon Helfrich, Sharlyn Smith, and Mr. Eduardo Cuevas. 願我能將您們所給予我的一切，繼續傳承下去。

感謝緣分牽引讓我遇到的學界所有貴人，包括新惠幼連園長、福樂俞園長、娃娃家袁卿文園長與樂仁吳修女。感謝您們的賞識，讓我在您們所創造的環境裡，吸取及內化了許多成為更好教育者的養分。

感謝所有我遇過的家長、老師，以及我最愛的孩子們。因為您們，促使我往教育更深層的意義裡探討。也因為您們，我才會有這麼多題材與個案可以分享。老師成就孩子，孩子也成就老師，您們都是幫助我向上提升的天使。

感謝我敬愛的二舅媽陳瓊芬老師。謝謝您帶領我進入幼教這行業，您是我這條路上的源頭，所以沒有您就沒有羅寶鴻老師。衷心地感謝您多年的栽培，及給予我所有的鼓勵。

感謝我的哥哥。謝謝您一直以來給予我許多的教導、栽培、關懷與鼓勵，以及在我需要的時候給我當頭棒喝。從小到大您都是我最愛模仿的偶像，現在我終於走出自己的風格、不再模仿您了，您仍然是我最尊敬的哥哥。

謝謝我的兒子羽辰。您是上天賜給我最寶貴的禮物；因為您的出現，讓我更瞭解生命與孩子。看著您的成長，更讓我多年來所瞭解的抽象理論，成為活生生的真實證據。您是我的貴人，也是很多父母的貴人，因為這本書分享的許多個案，您都是主角。

最後，我想要把這最重要的感謝留給我太太。謝謝您帶領我認識蒙特梭利教育，讓我人生有了光明與志向。謝謝您在我人生最灰暗的時候陪伴著我，與我一起走向光明。謝謝您這麼多年來陪伴著我度過每一天，分享我所有的喜、怒、哀、樂。謝謝您願意多年來很多個週末，都讓我北上南下到處上課和辦講座，一直支持著我做這件我們都認為很重要的事。常常都會有人對我說很感謝您，因為您願意讓您的老公利用陪伴家人的時間，來為大家分享教育的意義。

一位前輩曾經說過：「教育是善的循環，愛的感染。」感謝以上所有人曾經給我的愛，願這份愛能夠不斷地循環著，造就一個更多愛、更美好的世界。

羅寶鴻

能全情陪伴孩子的時間不多，
擁抱與孩子相處的每個當下。

透過故事與繪本的話語，
與孩子進行心靈連結。

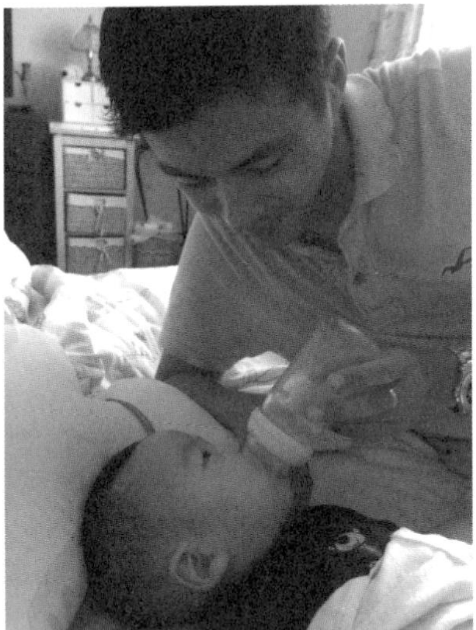

溫柔地照顧新生兒的起居飲食，
讓他感受世界對他的歡迎與接納。

孩子感興趣的事，
為他做一百遍也覺得快樂。

從小讓孩子接觸大自然，
讓他更懂得欣賞與尊重生命。

寧願陪伴孩子走得穩，
也不要催促孩子跑得快。

適當的休息與充電，
能讓彼此更有成長空間。

把興趣傳承給孩子，
彼此的互動會更有溫度。

野人文化
讀者回函卡

書　名

姓　名　　　　　　　　　　　　□女　□男　　年齡

地　址

電　話　　　　　　　　　　　手機

Email

□同意　□不同意　　收到野人文化新書電子報

學　歷　□國中(含以下)□高中職　　□大專　　　□研究所以上
職　業　□生產／製造　□金融／商業　□傳播／廣告　□軍警／公務員
　　　　□教育／文化　□旅遊／運輸　□醫療／保健　□仲介／服務
　　　　□學生　　　　□自由／家管　□其他

◆你從何處知道此書？
□書店：名稱 ____________　□網路：名稱 ____________
□量販店：名稱 ____________　□其他 ____________

◆你以何種方式購買本書？
□誠品書店　□誠品網路書店　□金石堂書店　□金石堂網路書店
□博客來網路書店　□其他 ____________

◆你的閱讀習慣：
□親子教養　□文學　□翻譯小說　□日文小說　□華文小說　□藝術設計
□人文社科　□自然科學　□商業理財　□宗教哲學　□心理勵志
□休閒生活（旅遊、瘦身、美容、園藝等）　□手工藝／DIY　□飲食／食譜
□健康養生　□兩性　□圖文書／漫畫　□其他 ________

◆你對本書的評價：（請填代號，1. 非常滿意　2. 滿意　3. 尚可　4. 待改進）
書名 _____ 封面設計 _____ 版面編排 _____ 印刷 _____ 內容 _____
整體評價 _____

◆你對本書的建議：

野人文化部落格 http://yeren.pixnet.net/blog
野人文化粉絲專頁 http://www.facebook.com/yerenpublish

廣 告 回 函
板橋郵政管理局登記證
板 橋 廣 字 第 143 號

郵資已付 免貼郵票

23141
新北市新店區民權路108-2號9樓
野人文化股份有限公司 收

請沿線撕下對折寄回

野人

書號：0NFL0167